KB100289

코페르니쿠스의 거인, 뉴턴의 거인

프톨레마이오스, 알 투시, 코페르니쿠스, 케플러, 뉴턴의 저작속으로

코페르니쿠스의 거인
뉴턴의 거인

남호영 지음

솔빛길

차 례

☀ 서문

인류의 지식은 고대 그리스에서 시작되어 중세 암흑기 1,000년을 지나 르네상스 유럽에서 다시 시작되었고, 과학 혁명을 거쳐 비약적으로 발전했다. 나는 오랫동안 이렇게 알고 있었다. 서양에 주눅 들어 오랫동안 서양을 바라보며 서양에서 배우려 했다. 서양을 통해 합리적이라는 말도 들어왔다. 흔히 쓰는 "그게 합리적이냐."라는 말에는 이 시대에 어떤 주장의 옳고 그름을 판단하는 가장 큰 논거가 합리성이라는 합의가 깔려 있다. 이 시대에 '합리적'이라는 말은 누구도 문제 제기하지 못하는 진리이다. 몸속, 머릿속 깊은 곳에서 우리도 모르게 우리를 강제하는 진리이다.

그러나 한편으로는 운세도 찾아보고 점도 본다. 우리만 그런 것이 아니라 서양에서도 별점도 보고 징크스도 믿는다. 알고 보면 사람들은 큰 결정을 내릴 때 합리적으로만 하지는 않는다.

점쟁이를 찾아가거나 기도를 하면서 초월적인 존재에 기대는 사람도 있고 '감'을 중요시하며 개인의 느낌에 의존하는 사람도 있다. 합리성 밑에는 인간을 움직이는 비합리적인 것들이 사나운 강물처럼 흐르고 있다. 가끔은 흘러넘쳐 범람하면서.

인간을, 역사를 다시 보려면 배운 것을 잊고 배우기 이전의 상태로 돌아가야 했다. 지식은 비연속적으로 발전하는가? 특정한 방식으로 사물에 질서를 부여하는 인식의 기초는 지식의 축적에 어떤 영향을 끼쳤는가? 이 책은 동양은 열등하고 서양은 우월하다고 여기는 오리엔탈리즘에 대한 비판과 함께 이런 문제의식에서 출발했다. 그렇기 때문에 서양 근대 과학의 출발이라는 소위 과학 혁명에 초점을 맞추었다. 과학 혁명이 유럽의 단독 작품이 아님을 보여주기 위해 유럽과 접촉이 긴밀했던 인도 서쪽까지만을 대상으로 했다. 그래서 메소포타미아 문명과 이집트 문명에서 시작했고 인더스 문명은 아주 조금 포함했다.

소재는 천문학 – 코페르니쿠스의 혁명으로 택했다. 지구중심설을 둘러싼 우주의 모습에 대한 논쟁은 기원전부터 과학 혁명까지 역사상 가장 길게 이어진 질문이기 때문이다. 이 한 가지 질문을 둘러싸고 2,000년 넘게 벌어진 일이 시기마다, 지역마다 사람들의 생각 아래 어떤 강물이 흘렀는지를 드러내주리라 믿는다. 지구중심설, 태양중심설 어느 것이든 그 시대의 자연관과 종교의 영향을 크게 받으면서 수정되고 이론 체계를 갖추게 되었기 때문이다. 고대 그리스는 물론 이슬람 세계에 아리스토텔레스의 자연학이 어떤 영향을 미쳤는지, 1천 년 이상 세 대륙에 걸쳐 문명을 발전시킨 이슬람 사람들은 프톨레마이오스의 천문학을 어떻게 수정해나갔는지, 지구와 태양을 중심으로 천체를 어떻게 해석했는지, 그것이 유럽의 학자들, 특히 코페르니쿠스에게 어떤 영향을 주었는지 파악하는 일은 오리엔탈리즘을 극복하는 데에 매우 중요한 일이다.

또한, 르네상스 때의 자연 마술은 물론 신플라톤주의와 헤르메스주의가 케플러, 뉴턴에 이르기까지 어떤 영향을 미쳤는지도 보아야 한다. 그래야 지식의 축적 표면 아래를 볼 수 있다. 지식은 늘 이성에 기반하여 합리적으로 축적되지 않았음을 신비주의가 기계론, 합리주의와 벌인 엎치락뒤치락을 통해 살펴볼 수 있다.

이 책을 쓰게 된 문제의식에 충실하기 위해서 두 가지에 특히 정성을 쏟았다. 하나는 2,000년 넘는 시간 동안 중요한 고비마다 어떤 질문이 있었고 그것이 어떻게 해결되며 지식이 축적되어 왔는지 실감 나게 밝히는 일이었다. 이를 위하여 이미 우리나라에 출판된 책들에 많이 소개된 개괄적인 설명보다는 지식이 구성되는 구체적인 장면들을 경험하는 것이 더 의미 있다고 생각하였다. 프톨레마이오스가 화성의 관측 기록을 바탕으로 화성의 운행 모델을 계산하는 장면, 코페르니쿠스가 투시 커플을 이용해서 태양을 우주의 중심에 놓는 장면, 케플러가 태양에서부터 방사되는 영적인 힘을 바탕으로 케플러의 법칙을 찾아내는 장면, 뉴턴이 만유인력 법칙의 타당성을 갖추기 위해 미분과 적분을 만들어내는 장면! 그렇게 거인들의 머릿속으로 들어가보는 경험을 제공하고자 하였다.

또 하나는 가능하면 원전을 인용하려고 애썼다는 점이다. 한 번 두 번 건너면서 의미가 달라지고 왜곡되는 것을 막고 출처를 알 수 없는 주장을 하지 않기 위해서이다. 프톨레마이오스의 『알마게스트』, 코페르니쿠스의 혁명을 가져온 『천구의 회전에 관하여』 등 한글판으로는 구할 수 없는 여러 원전을 인용할 수 있었던 것은 인터넷 덕분이다. 꽤 많은 원전의 영문 번역판을 약간의 검색을 통해 구할 수 있었다. 이 책의 2장에서는 프톨레마이오스의 『알마게스트』, 4장에서는 코페르니쿠스의 『천구의 회전에 관하여』의 일부를 상세히 들여다보았다.

『천구의 회전에 관하여』에는 고전기 그리스 시대의 피타고라스 학파 사람들부터 이슬람 학자들까지 꽤 많은 사람들이 등장한다. 가장 많이 언급된 사람은 당연히 프톨레마이오스이다. 그 다음은 헬레니즘 시대의 히파르코스(36번), 아랍 학자인 알 바타니(28번)이다(문서의 '찾기' 기능은 한 번의 클릭으로 이런 셈을 순식간에 해준다). 히파르코스의 활동은 『알마게스트』에 자세히 전해지는데, 히파르코스는 고대 바빌로니아(메소포타미아 문명의 발상지)의 천문 관측 기록은 물론 천문 지식과 기법을 체계적으로 활용한 학자이다. 알 바타니는 지금의 시리아 지역에 살면서 40년간 천체를 관측하며 삼각법과 천문학을 발전시켰는

데, 그의 저서들은 스페인어, 라틴어로 번역되어 튀코 브라헤, 케플러, 갈릴레오도 자주 인용했다.

히파르코스, 알 바타니와 같은 사람들은 물론 이름을 남기지 않은 고대 바빌로니아 사람들과 저작들이 유럽으로 전해진 숱한 이슬람 학자들도 모두 코페르니쿠스에게 어깨를 내어준 거인이겠다. 아쉽게도 페르시아, 이슬람 학자들의 원전을 구할 수도, 구하더라도 볼 능력도 없었다. 오리엔탈리즘을 극복하려는 걸음마저 서양의 자료에 의존할 수밖에 없는 상황은 아이러니하다.

과학 혁명은 왜 그때, 그곳에서 발생했는가? 나의 머리를 수십 년 차지하고 있던 질문이었다. 서구에 대한 열등감과 몇몇 천재들에 대한 감탄과 함께 품고 살아온 질문이었다. 이제 그 질문을 내려놓아도 될 때가 왔다. 비슷한 질문을 품고 있었던 독자라면, 이 책이 도움이 되리라 믿는다. 이 책을 읽는 과정에서 점차 그 의문이 풀리면서 새로운 질문으로 나아가리라 믿는다.

2020년 6월
남호영

그렇지만 나는 가설을 세우지 않습니다.
왜냐하면 현상으로부터 도출할 수 없는 것은
그것이 무엇이든 '가설'이라고 불러야만 하기 때문입니다.
그리고 그 가설은 형이상학적인 것이든 형이하학적인 것이든,
숨겨진 성질이든 기계론적인 것이든
'실험철학'에서는 설 자리가 없기 때문입니다.

– 뉴턴

1

자연의
주기를
관찰하다

자연의 주기에 대한 탐구는
문명의 시작

❂

⊙   밝은 낮이 지나가면 어두운 밤이 온다. 밤이 지나가면 다시 아침이 온다. 하루는 반복된다. 한 달도 반복되고 일 년도 반복된다. '반복'에는 주기가 있다. 달이 차고 기우는 주기, 씨를 뿌리고 작물을 수확하는 주기, 계절이 바뀌는 주기, 인간의 삶은 자연의 주기에 따라 움직였다. 주기가 있다는 것은 일관성을 가지고 앞날을 예측할 수 있다는 것이다. 예측을 하려면 주기에 기준이 있어야 했다. 그 기준은 문명마다 달랐다. 예를 들어, 각 문명마다 하루를 어떻게 정했었는지는 코페르니쿠스가 1543년에 출판한 『천구의 회전에 관하여』[1] 중 태양의 운동을 다룬 III권에 기록되어 있다. III권 26장에 의하면 바빌로니아인들은 하루를 일출부터 일출까지, 아테네인들은 일몰부터 일몰까지, 로마인들은 자정부터 자정까지, 이집트인들은 정오부터 정오까지로 서로 다르게 사용했다고 한다. 그렇게 자연의 주

기에 대해 얻은 지식이 다음 세대로 넘어가면서 축적되어 문명이 발달했다.

우리는 자연의 주기를 확인하기 위해 시계를 보고 달력을 본다. 사람들은 시계와 달력에서 절대적인 자연의 주기, 아니 적어도 이 시대를 같이 살아가는 인간들이 자연의 주기를 읽는 공통의 기준이 있으리라 짐작하지만, 사실은 아직도 그 기준은 다양하다. 양력이 절대 우위를 차지하고 있는 듯이 보이는 우리나라에서만 해도 설날과 추석과 같은 명절과 기일은 음력을 사용한다. 우리가 사용하고 있는 달력은 예수를 기준으로 하여 기원전, 기원후로 구분한 태양력이지만 이슬람권에서는 지금도 무함마드가 메카에서 메디나로 이주한 헤지라를 원년으로 하고, 초승달이 뜨는 날을 한 달의 시작으로 하는 태음력을 사용하고 있다. 자연의 주기에 대한 기준은 인류 문명이 시작된 지 몇천 년이 지난 지금도 문명의 경계를 완전히 넘어서지 못했다.

인간, 자연의 주기를 표로 만들다

문명마다 사용하는 달력은 달라도, 우리는 달력은 정확하다는 전제를 의심할 생각조차 하지 않는다. 그런데 달력과 하늘의 태양과 별들이 맞지 않던 때가 있었다. 지금 우리가 사용하는 그레고리력(1582년 제정)으로 달력이 개정되기 직전인 1543년, 코페르니쿠스는 『천구의 회전에 관하여』 서문[2]에 다음과 같은 기록을 남겼다.

　몇 해 전 교황 레오 10세 때 라테란 공의회에서 교회력을
개정하는 문제를 의논한 적이 있습니다. 그때는 개정하기로 결
정을 내리지 못했는데, 일 년과 한 달의 길이, 태양과 달의 운
행을 아직 정확하게 측정하지 못했다고 보았기 때문입니다.

　당시 유럽에서 사용하던 달력은 율리우스 카이사르 때 제정
된 율리우스력(기원전 46년 제정)이었다. 이 달력과 하늘의 태양
과 달은 눈으로 보기에도 맞지 않았다. 누구나 알 수 있을 정도
로. 그런데 이런 일이 처음은 아니었다. 고대의 바빌로니아에서
도, 이집트에서도, 로마에서도 천체의 운행과 인간의 달력은 정
확하게 맞지 않았다.

　기원전 2,000년대 바빌로니아에서는 초승달이 처음 보일 때
를 새로운 달의 시작으로 삼았다. 하늘에서 가장 크게 보이는
것은 태양과 달이다. 그중 달은 초승달, 반달, 보름달과 같이 그
모양이 규칙적으로 변하기 때문에 시간의 기준으로 삼기에 적
당했다. 태양은 밤과 낮을 다스려 하루를 정하지만 달은 한 달
이라는 시간을 정하기에 매우 좋은 기준이 되었다. 초승달, 상
현달, 보름달, 하현달이 뜨는 날짜와 시각, 그때의 일출·일몰 시
각도 기록했다. 월식과 일식도 기록하고 동지와 하지, 춘분과 추
분도 기록했다. 달의 순환 주기를 기준으로 한 달을 4분기로 나
누는, 지금의 일주일과 같은 개념도 시작되었다.

그런데 달에 의한 한 달의 길이는 일정하지 않았다. 고대 바빌로니아에서 1년의 시작은 추분이었는데, 태양이 황도를 돌아 다시 제자리로 오는 1년의 길이가 달이 만드는 열두 달의 길이와 일치하지 않았다. 달의 시간과 태양의 시간을 맞추어야 하는데, 달은 다루기가 너무 까다로웠다. 하루를 결정하고 농사의 절기를 결정하는 태양은 달보다 더 인간 생활에 절대적인 영향을 끼쳤기 때문에 태양은 너무나 중요한 존재였다. 바빌로니아에서는 '샤마시'라고 부르며 태양을 신으로 모셨다. 태음력을 사용하려면 태양이 만드는 1년의 길이에 맞게 달력을 조정하는 까다로운 계산을 해야 했다. 우리는 그 어려움을 고대 그리스의 희곡에서 찾아볼 수 있다. 고대 그리스의 작가 아리스토파네스가 기원전 423년에 펴낸 희곡 「구름」에는 소크라테스와 스트렙시아데스의 대화에 이어 구름이 다음과 같이 노래하는 장면이 실려 있다.

달은 우리더러 자신의 안부를 전해달라고 부탁했네.
그러면서 자신이 학대받고 있다는 사실도 전해달라고 우리에게 명령했다네.
지금도 여전히 당신들은 그녀가 언제 나타나는지 함부로 정하면서,
뒤죽박죽으로 만든다는 사실에 그녀의 기분이 매우 상해 있다는 것도.
그리고 신들은(자신들의 축제일을 잘 알고 있는)

[그림 1-1] 아리스토파네스의 희곡 「구름」의 한 장면. 바구니에 들어간 소크라테스.

당신들이 계산을 잘못했기 때문에 저녁도 못 얻어먹고 집
으로 돌아왔다는 것을.
　그래서 그녀는 당신들의 게으름에 대하여 꾸짖고 화를 낸
다는 것을.[3]

고대인들이 천체를 관측하여 기록으로 남기고 달력을 만들
어 운영했던 이유가 꼭 농사 때문만은 아니었다. 아리스토파네
스의 말처럼 신들의 축제일도 달력에 정해놓아야 했다. 신전에
서 행하는 행사의 날짜도 달력에 정해져 있어야 했고 국가의

행사일도 달력에 정해져 있어야 했다. 태음력을 계절과 맞추기 위해 언제 달을 추가할지는 오직 왕에게 달려 있었다. 달력은 문명화된 권력의 상징이었다.

고대 이집트인들은 태음력을 쓰다가 태양력으로 바꾸었는데, 그 기준은 '시리우스'라는 별이었다. 지금은 시리우스가 잠깐 동안만 보이지만, 고대 이집트인들이 보는 하늘에서는 가장 밝은 별이었다. 시리우스는 해마다 하지가 가까워질 무렵 동쪽 지평선에 태양보다 먼저 떠올랐다. 그러고는 나일강이 범람하기 시작했다. 상류에서부터 비옥한 흙을 싣고 우렁차게 흘러온 나일강은 비대해진 몸집을 주체하지 못하고 주변으로 넘치면서 넓은 땅을 덮었다. 고대 이집트인들은 자연이 거름을 주는 이때를 한 해의 시작으로 보았다. 다시 태양보다 먼저 시리우스가 뜨고 범람이 일어나는 일이 365일마다 반복된다는 것을 알았고 이를 1년으로 삼았다. 1년을 3개의 계절로 나누고 각 계절을 한 달에 30일씩 네 달로 나누어 12달을 구성하고 5일을 덧붙여 365일을 1년으로 삼았다. 그 결과 시리우스가 뜨고 나일강은 범람하는데 달력은 엉뚱한 날을 가리키고 있는 일이 벌어졌다. 1년에 $\frac{1}{4}$일씩 차이가 난 결과이다.

고대 로마에서 사용하던 달력은 1년이 10달 304일이었다. 농한기인 두 달은 달력에 표시되지 않았고 사제들이 날짜를 추가했는데, 이권에 따라 멋대로 하는 경우도 많아 해마다 날짜가 몇십 일씩 차이가 나기도 했다. 드디어 기원전 46년 율리우스 카이사르 때 당시 학문이 발달해 있던 알렉산드리아의 천문학자에게 자문을 받아 달력을 개정했다. 바로 율리우스력이다.

백 년에 하루씩 겨울을 벗어나

기원전 45년, 율리우스력이 사용되면서 오래된 오류는 바로잡았다. 그러나 시간이 흐르자 율리우스력에도 문제가 드러날 수밖에 없었다. 율리우스력의 1년은 평균 365.25일인데 이것은 실제(365.2422…일)보다 약 0.0078일 정도 길다. 1,000년이 지나면 7.8일 빠르게 가는 셈이다. 율리우스력이 사용된 지 1,000년이 넘자 드디어 절기와 달력이 다르게 흘러가고 있다는 것을 누구나 알 정도가 되었다. 14세기 이탈리아의 작가인 단테가 장편 서사시 『신곡』의 천국편 27곡에서 말했듯이 세상이 무질서해지는 일이 벌어졌다.

내 말에 놀라지 마세요.
인간을 다스리는 자가 세상에 없으니
인간은 길을 잃고 있어요.

사람들은 무시하지만,
1월은 백 년에 하루씩
겨울을 벗어나고 있어요.

천구들은 운행을 계속하고
하늘의 섭리가 배를 돌려 앞으로 나아가게 할 거예요.
마침내 오랫동안 기다렸던, 꽃이 피고 참된 열매가 열릴 거
예요.[4]

카이사르가 제정한 율리우스력은 125년에 하루씩 빠르게 가
니 단테가 살던 14세기에는 이미 10일 이상 빠르게 가고 있었
다. 코페르니쿠스가 살던 때에는 이미 율리우스력이 사용된 지
1,500년 정도 지나서 실제 날짜는 달력의 날짜보다 보름 정도
나 빠르게 가고 있었다. 이렇게 몇천 년이 흐르면 단테가 말한
대로 1월이 겨울에서 벗어나 봄이 되는 때가 오게 될 판국이다.
　달력과 절기가 맞지 않는 현상은 가톨릭의 권위에 걸맞지 않
는 일이었다. 바로 부활절 날짜 때문이었다. 313년 로마 제국에
서 가톨릭이 공인된 이후, 예수가 부활한 날을 기념하는 부활절
은 가톨릭을 믿는 유럽에서는 매우 중요한 축일로 기념되어왔
다. 초기 교회는 유대인들이 이집트의 노예 생활로부터 탈출한
사건을 기리는 유월절을 기준으로 부활절을 지켰으나 이에 반
대하는 교회들이 늘어나 의견 충돌이 생겼다. 부활절 날짜를
명확히 정한 때는 325년이다. 그해 니케아에서 열린 1차 공의회
에서 여러 교리들의 대립을 정리하면서 부활절을 춘분 이후 첫
보름이 지난 일요일로 정했다. 춘분은 낮과 밤의 길이가 같은
날로 3월 20일경이다. 그런데 열흘 이상 먼저 낮과 밤의 길이가
같아졌다. 태양도 있어야 할 위치에 있지 않았다.

달력이 실제와 맞지 않아 여전히 해마다 부활절 날짜를 놓고 갑론을박이 벌어지고 있었다. 문제는 율리우스력이었다. 이미 15세기부터 교황들은 여러 차례 달력 개정을 시도했지만 번번이 실패했다. 달력 개정은 쉬운 일이 아니었다. 달력을 개정하려면 오랜 관측과 정확한 천문 이론에 바탕을 두고 태양과 달이 어떻게 운행하는지 예측한 믿을 만한 천문 운행표가 있어야 하는데, 당시 사용하던, 13세기에 편찬된 알폰소 천문표는 충분히 정확하지 않았다. 예측대로 1504년에 목성과 토성이 겹쳐 보이는 현상이 일어났지만 일주일 이상 날짜가 달랐고 위치도 1~2도 차이 났다. 다른 천문표도 마찬가지였다. 더 정확한 천문 이론으로 천문표를 개정해야 했다.

달력은 인간이 시간의 흐름의 규칙을 밝혀 사용하기 쉽게 구분해놓은 것이다. 1년이라는 시간은 지구가 태양을 한 바퀴 도는 시간이다(물론 태양이 지구를 돈다고 믿던 시절에는 태양이 지구를 한 바퀴 도는 시간이었지만). 그러니 달력을 정확하게 만들려면 태양의 움직임을, 천체의 움직임을 정확히 파악해야 했다.

괴물 같은 이론

앞에서 제시했듯이 "일 년과 한 달의 길이, 태양과 달의 운행을 아직 정확하게 측정하지 못했다."라던 코페르니쿠스는 『천구의 회전에 관하여』 서문에서 당시 천문학 이론을 다음과 같이 비유했다.

그들의 경험은 마치 아주 잘 묘사된 손, 발, 머리 등을 여러 곳에서 모아 왔으나 그것이 한 사람을 표현한 것이 아닌 상황과 비슷합니다. 그 조각들은 한 사람의 것이 아니기 때문에 그 조각들이 합쳐진 결과물은 사람이라기보다는 괴물입니다.

천문학자들은 태양, 달, 수성, 금성, 화성, 목성, 토성, 그리고 별들의 운행을 설명하기 위해 주전원, 이심원* 등 여러 장치와 이론을 사용했다. 그런데 이렇게 여러 이론들을 사용하면, 마치 이 사람의 머리, 저 사람의 손, 또 다른 사람의 발을 모으면 사람이 아니라 괴물이 만들어지는 것과 같이 이 이론 저 이론이 범벅이 된 상태로는 일 년의 길이, 한 달의 길이조차 제대로 정할 수 없어 정확한 달력을 만들 수 없다는 말이다.

천문학 이론이 처음부터 코페르니쿠스가 말한 것처럼 괴물 같은, 누더기 같은 이론은 아니었다. 오래전, 고대부터 하늘의 움직임을 관찰하며 하나씩 하나씩 이론을 정립하는 과정에서 필요에 의해 생겨난 이론이 하늘의 관측을 정확하게 설명할 수 있도록 수정되면서 전해 내려오는 과정에서 벌어진 일이다. 괴물을 만들기 위해 새로운 이론을 만든 사람은 없었을 텐데, 어떻게 하다가 이런 일이 벌어진 걸까?

● 주전원 51쪽 참고, 이심원 63쪽 참고.

✤

우주를
인간의 품으로
들여오다

◑　　　　　태양이 가라앉기 시작하면 주변에 어둠이 깔린다. 어둠이 짙어진 다음, 온 하늘은 별들 차지이다. 지금 서울에서는 어쩌다 운 좋은 날도 몇 개 보일 듯 말 듯 하지만, 고대 사람들이 보던 하늘은 그런 하늘이 아니었다. 빛나는 별들이 빽빽하게 들어찬 하늘이었다. 어둠이 찾아오면 까만 하늘에 빈틈을 찾기 어려울 정도로.

우주를 구획 짓다

반짝이는 별들이 북극을 중심으로 하룻밤에 지구를 한 바퀴 돌았다. 회전하는 별들의 중심인 북극은 신의 자리였다. 발을 딛고 있는 지구가 움직인다고 생각하기는 어려웠으니 다른 의견은 자리 잡기 힘들었다. 둥근 하늘에 박힌 별들이 가만히 있는 지구 주위를 돈다고 보았고 별들이 박혀 있는 구 모양의 하늘을 '천구'라고 불렀다.

지구에서 바라본 천구를 생각하려면, 지구 중심으로 들어가서 앉아 있다고 상상하면 도움이 된다. 지구 중심에서 보니 나를 둘러싼 지구라는 구가 있다. 그 바깥에 투명한 구를 한 겹 더 만들어 천구라고 하자. 오늘날에는 지구가 서쪽에서 동쪽으로 자전한다는 사실이 밝혀져 있으니 천구는 상대적으로 동쪽에서 서쪽으로 회전한다. 고대 사람들처럼 생각하려면 지구는 움직이지 않고 천구만 움직인다고 생각하면 된다.

붙박이별들이 박혀 있는 천구를 하나 생각하자. 붙박이별들은 항상 그 자리에 있어 '항성'이라고 부른다. 지구 중심에 앉아 바깥쪽에 있는 항성 천구에 박힌 크고 작게, 밝게 희미하게 빛나는 항성들을 선으로 이어보자. 눈에 익은 모양이 보이도록 항성들을 묶어 별자리 이름을 붙인다. 양자리, 황소자리, 전갈자리, 물고기자리, 큰곰자리, 작은곰자리 등등. 지금 우리는 큰곰자리든 작은곰자리든 그 별자리를 보면서 곰을 상상하기 어렵지만 옛날 사람들은 곰을 보았으리라. 북반구에서 맨눈으로 볼 수 있는 2,000개 넘는 항성들에게 그렇게 이름을 붙여주었다. 하늘에는 별자리 모양을 유지한 채 하루 한 바퀴씩 지구를 도는 항성들만 있지 않았다. 오랜 기간 하늘을 관찰하고 기록하면서 태양과 달처럼 하늘을 마음대로 떠도는 별, 행성도 있음을 알았다. 항성들보다 더 밝아 눈에 잘 띄면서 매일 조금씩 이동하는 5개의 별. 문명권마다 이름이 달랐지만 지금은 모두들 수성, 금성, 화성, 목성, 토성이라고 부르는 5개의 행성들은 별자리 사이를 누비며 지구를 도는데, 한 바퀴 도는 데 1년이 걸리기도 하고 더 오래 걸리기도 했다. 7개의 천체를 항성처럼 다룰 수는 없었다. 항성들이 땅에 지어진 집이라면 떠도는 7개의 천체는 이 집 저 집 마음대로 드나드는 사람들처럼 계속 움직이고 있었다. 막막한 하늘에 7개의 천체의 위치는 어떻게 기록할 수 있을까?

계속 움직이는 달과 태양과 행성들이 지구로부터 얼마나 떨어져 있는지 그 거리를 알기는 어렵기 때문에 거리는 기준이 될 수 없었다. 지구 중심에 앉아서 7개의 천체의 위치를 기록하기 위한 기준으로 삼을 수 있는 것은 항성 천구의 별자리뿐이었다. 천구의 별자리 중에서 특히 태양이 다니는 길목에 있는 별자리들만 선택했다. 태양이 한 바퀴 도는 길을 '황도'라고 하고 황도를 12등분하여 '황도 12궁'이라고 불렀다.

기원전 60년경에는 춘분이 있던 양자리를 $0°$로 하여 동쪽으로 가면서 황도에서의 경도를 나타냈다. 황소자리는 $30°$, 쌍둥이자리는 $60°$와 같이 황도를 한 바퀴 돌아 $360°$를 완성했다. 태양은 황도 12궁에서 매일 $1°$씩 움직였다. 이 좌표계가 언제부터 쓰였는지는 정확하게 알 수 없으나 기원전 1,000년 무렵 지금의 이란 북서부 지역과 메소포타미아 지역에서 시작되었다고 본다. 관측 결과는 황도 12궁에서의 위치에 따라 기록했는데, $0°$부터 $360°$까지의 각도로 기록하지 않고 각 황도 별자리 안에서의 각도로 기록했다. 예를 들어, "화성이 황도 $81°$에서 관측되었다."라

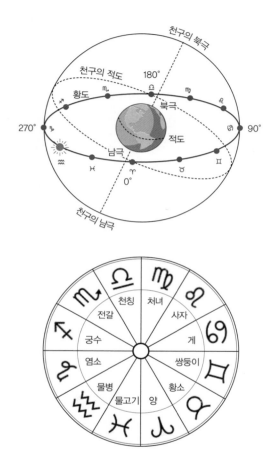

[그림 1-2] 황도 12궁의 별자리와 상징. 황도를 12등분하고 별자리 이름을 붙여 천체의
경도를 나타내는 기준으로 삼았다.

고 기록하지 않고 "화성이 쌍둥이자리 21°에서 관측되었다."라고 기록했다. 행성이 움직인 거리도 "쌍둥이자리 21°에서 관측되었던 화성이 쌍둥이자리 25°에서 관측되었다"와 같이 각거리, 즉 이동한 각도로 기록했다.

천체 관측은 우리 예상을 뛰어넘어 오래전부터, 더 정밀하게 이루어져 온 것으로 보인다. 영국 박물관에 보관되어 있던 점토판을 해독하여 2016년에 발표한 결과를 보자. 기원전 400년에서 기원전 50년 사이에 바빌로니아와 우루크 지역에서 만들어진 점토판 450여 개 중 약 340개에는 행성 또는 달의 운행이 계산된 자료가 배열되어 있고, 나머지 110개의 점토판에는 표를 계산하거나 확인하는 계산 방법에 관한 글들이 새겨져 있다

[그림 1-3] 오센드리버가 해독한, 목성 관측을 기록한 점토판 중 한 개. 7행으로 서술되어 있다.

고 한다.[5] 그중 점토판 5개가 상세히 분석되었는데, 여기에는 120일 동안 목성이 하루에 움직인 거리가 기록되어 있다.

고대 그리스로 전해진 수학

고대 그리스의 문자 기록은 기원전 9세기경부터 등장한다. 이후 도시국가들이 건설되어 아테네, 스파르타 등의 도시국가가 지배적인 위치에 서게 된 것은 300여 년이 흐른 다음이다. 이집트나 메소포타미아 문명보다 늦게 시작된 그리스 문명은 앞선 문명을 이어받았다. 신전을 짓고 세금을 걷는 데 필요한 수학, 사제의 예언과 농사를 지휘하는 데 필요한 천문학 등은 특히 중요했다.

그리스 최초의 자연철학자는 기원전 6세기 무렵에 활동한 탈레스라고 일컬어진다. 자연철학이 앞선 문명의 지식과 어떻게 다른지는 잠시 후 살펴보기로 하고 먼저 탈레스를 비롯한 몇몇 고대 그리스의 걸출한 인물들의 행적을 간단히 살펴보자.

탈레스는 젊은 날 이집트에 갔을 때 지은 지 2,000년이 넘은 거대한 피라미드들과 몇백 년이 지난 신전들을 보았을 것이다. 탈레스가 방문했을 때 이집트는 이미 강력한 중앙 집권 권력을 토대로 관료 체제를 갖추고 문자, 수학, 천문학, 기술 등이 발달되어 있었다. 이집트의 전문적인 지식은 '생명의 집'에서 전수되었다. 생명의 집에 대한 언급은 기원전 2,200년경에 처음 등장한다.[6] 나중에는 대사원마다 설치될 정도로 널리 퍼졌던 생명의 집은 사제들과 서기들이 읽고 쓰는 법을 배우는 곳이었고 부유층의 자녀들이 경제학, 법을 배우기 위해 다녔던 곳이었고 천문학, 지리학, 수학, 꿈의 해몽 등을 가르치는 곳이었다. 또한 문서 보관실과 신전 도서관도 겸했다. 밀레투스의 부유한 집안 출신인 탈레스는 이집트 전역을 다닐 수 있었고 당시 지식의 집합 장소인 생명의 집은 그가 꼭 가야 했던 장소일 터이다.

흔히 탈레스가 현자임을 거론할 때 이집트에서 그림자의 길이를 이용해서 피라미드의 높이를 계산하고, 기원전 585년 일식을 예언하여 리디아와 메디아 두 왕국이 전쟁을 끝내도록 했다는 일화가 등장한다. 당시 이집트의 수학, 천문학이 그리스보다 매우 높은 수준이었다는 사실에 비추어보면 이 이야기는 의심스럽다. 피라미드 높이를 잰 이야기는 탈레스가 죽은 지 800년 이상 지난 3세기에 그리스의 전기 작가인 디오게네스 라에르티오스가 쓴 『유명한 철학자들의 생애와 사상』에 실려 있을 뿐이다. 기원전 3세기의 히에로니무스에 의해 전해진다는 한 문장뿐인데, 히에로니무스의 기록은 남아 있지 않다. 오히려 이집트에서 배운 기하학과 천문학을 딛고 올라서 그리스 최초의 자연철학자가 된 탈레스를 후손들이 영웅으로 만든 이야기라고 보는 것은 어떨까?

탈레스의 권유로 이집트로 유학을 간 피타고라스를 보면 정황은 더욱 확실해진다. 피타고라스는 이집트에서 22년 동안 멤피스의 사제들에게 기하학과 천문학 등 선진 학문을 배웠다. 23년째 되던 해 이집트를 침략한 페르시아 제국 사람들에 의해 바빌로니아로 끌려간다. 그는 페르시아 조로아스터교의 사제에게 능력을 인정받아 12년 동안 바빌로니아에서 수학, 천문학, 음악, 종교 등 방대한 지식을 쌓고 대략 56세가 되었을 때 고향 사모스로 돌아온다.

피타고라스의 수 철학은 피타고라스 학파인 필롤라오스에 의해 다시 플라톤에게로 전해진다. 플라톤의 스승인 소크라테스와 동시대인인 필롤라오스는 피타고라스 학파에 적대적인 사람들이 모임을 하던 집에 불을 질렀을 때 겨우 살아남아 도망쳤다고 한다. 비밀주의를 유지했던 피타고라스 학파는 모든 지식을 말로 전수했는데, 그들의 지식이 남아 전해지는 것은 필롤라오스가 남긴 책 덕분이다. 플라톤의 우주론을 담은 『티마이오스』를 보면 플라톤이 비례와 기하학을 중요하게 생각했음을 알 수 있는데, 그 배경에는 피타고라스의 가르침을 기록한 필롤라오스의 책이 있다고 한다. 플라톤은 기원전 399년 스승인 소크라테스가 죽임을 당한 후 아테네를 떠났는데 디오게네스 라에르티오스는 그가 이탈리아에서 필롤라오스를 만났다고 전한다. 플라톤은 시칠리아, 키레네, 이집트 등을 다니며 학자들과 사제들을 만나고 40세 즈음에 아테네로 돌아와 '아카데미아'라는 학교를 세웠다.

고대 그리스의 학문을 출발시킨 탈레스, 피타고라스, 플라톤이 이집트, 바빌로니아 등을 몇십 년 동안 다니면서 그곳의 학문을 배워 왔다는 사실로부터 고대 그리스 학문은 당시 이미 수천 년의 역사를 갖고 있던 이들의 학문 위에 써 내려갔음이 틀림없음을 유추할 수 있다. 그 위에 다른 색깔이 입혀지면서 변주되는 것은 그리스인들의 몫이었다. 고대 그리스와 앞선 문명이 구별되는 지점은 탐구의 목적이다. 앞선 문명에서는 구체적인 지식의 획득과 사용이 탐구의 목적이었던 반면, 고대 그리스인들은 자연에 대한 탐구 자체가 탐구의 목적이었다. 이런 탐구를 훗날 '자연철학'이라고 부르게 된다. 이런 차이점은 아마도 자연환경, 사회 구조 자체에서 오지 않았을까 추측한다. 큰 강 주변에 자리 잡고 농사를 지으며 발달한 고대 이집트나 바빌로니아와는 달리 산악 지대에 자리 잡은 그리스는 식량을 자급하기 어려워 곡물은 수입했다. 올리브와 포도를 주요 교역 물품으로 하여 해상 교역 문명으로 커나갔다. 여러 개의 작은 도시국가들로 나뉘어 발전한 그리스에는 앞선 문명처럼 강력한 중앙집권 체제가 들어서기 어려웠다. 모든 시민이 참여하는 정치를 하는 경험은 토론을 일상화시켰다. 광장에서 벌어지는 정치적 토론은 실용적인 목표 없이, 추상적인 지적 추구를 위해 자연을 탐구하는 일을 가능하게 하는 사회 분위기를 형성한 것으로 보인다. 플라톤은 자연에 관한 지식의 추구를 생산이나 기술 같은 하찮은 활동보다 우위에 놓았다. 자연철학을 현실과 분리시켜 철학과 같이 더 높은 곳에 올려놓았다.

천구가 천구를 겹겹이 둘러싼 우주

플라톤과 아리스토텔레스는 달 위 세계인 천상계는 완전한 세계라고 여겼다. 밤하늘을 바라보면 이 세상은 인간이 발 딛고 선 땅과 인간이 닿을 수 없는 하늘로 구분된다. 하늘과 땅에는 공통점이 보이지 않는다. 땅은 빛이 없는 흙과 돌의 세계이다. 감각적이고 불완전한 세계이다. 땅의 세계는 생명이 태어나고 죽는 유한한 세계이지만 하늘은 빛나는 별들이 가득하고 매일 밤 똑같은 별을 볼 수 있는 영원불멸의 세계이다. 매일 밤 한 바퀴씩 도는 별들의 세계에 어울리는 운동은 시작도 없고 끝도 없이 돌고 도는 원운동뿐이다. 원은 반지름 하나로 결정되기 때문에 모든 원은 닮았다. 원은 중심에 대해서 몇 도를 회전하든 항상 똑같다. 이런 이유로 원은 완전한 도형으로 칭송받아왔다. 그러니 기하학이 발달한 고대 그리스에서 천체의 운동 궤도를 원으로 생각한 것은 아주 당연한 결과였다. 모든 것이 불변인 천상의 세계에서는 속력도 불변이어야 하니 천체의 운동은 속력이 늘 일정한 원운동이어야 했다. 모든 행성들은 별자리로 구분해놓은 항성들 사이를 지나 자신의 원래 위치로 돌아올 때까지 대체로 황도를 따라 동쪽으로 이동했다. 그래서 하늘의 7개 천체는 모두 지구를 중심으로 원을 그리며 항상 똑같은 속력으로 영원히 돈다고 믿었다.

이런 생각은 플라톤의 우주론을 담은 『티마이오스』에 담겨 있다. 플라톤에 따르면, 태초에 우주 원리를 담고 있는 형상과 우주의 재료가 되는 질료가 있었다. '데미우르고스'라는 신은 설계도를 따르는 장인처럼 형상들을 본으로 삼아 질료와 씨름하여 우주를 만들어낸다. 신조차 따라야 하는 그 원리가 어디에서 비롯되었는지는 설명하지 않은 등 애매한 부분이 많지만, 그 원리는 비례와 기하학으로 펼쳐진다. 플라톤의 천상계는 원으로 가득했다. 플라톤 이후의 학자들은 천상의 세계는 완전하니 눈에 보이는 불규칙한 현상에 빠져들지 말고 원을 통해 '현상을 구하라'●는 플라톤의 말을 받들었다. 6세기의 심플리키우스가 남긴 『아리스토텔레스의 '천체에 관하여'에 대한 주석』에는 다음과 같이 기록되어 있다.

겉모습(환상)만으로 행성이 어떻게 운행하는지를 정확하게 파악하는 것은 불가능하고 그렇게 얻은 결과는 진실도 아니기 때문에, 눈에 보이는 행성의 불규칙한 운동을 등속원운동으로 구하는 것이 요청되었다.

아리스토텔레스의 제자인 에우데무스가 천문학의 역사에 관해 쓴 두 번째 책에 따르면, 이러한 가설에 대해 언급한 최초의 그리스인은 에우독소스라고 한다. 2세기 사람인 소시제네스에 따르면, 플라톤이 이런 주제에 관심 있는 사람들을 위해 행성이 불규칙하게 운동하는 것처럼 보이는 현상을 등속원운동으로 구할 수 있다는 가설을 세워 이 문제가 대두되었다고 한다.[7]

● 플라톤과 아리스토텔레스가 선험적으로 제시한 우주관에 따르면 천상계의 천체들은 완전한 등속원운동을 해야 하는데 실제로는 그 궤도가 원을 그리지도 않고 속력도 변하는 문제가 있었다. 플라톤이 남긴 '현상을 구하라'는 말은 겉으로는 불규칙하게 보이는 현상을 원을 사용하여, 등속(일정한 속력)으로 원으로 만들어진 궤도를 따라 운동함을 설명하여 천상계의 완전함을 구해내라는 뜻이다.

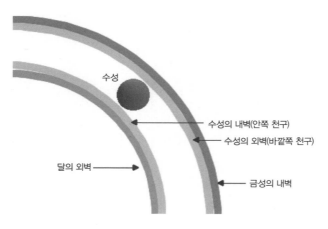

수성

수성의 내벽(안쪽 천구)

수성의 외벽(바깥쪽 천구)

달의 외벽

금성의 내벽

[그림 1-4] 수성의 천구 모형. 행성은 자신의 수정구 안에서만 움직인다. 수정구의 벽을 뚫고 다른 수정구로 들어갈 수 없다.

플라톤은 천문학자도 아니고 수학자도 아니었지만 후대 학자들의 도전과 영감의 원천이 되었다. 그 결과, 플라톤의 제자들인 에우독소스, 아리스토텔레스에 의해 고대 우주론은 체계를 갖추게 되었다. 에우독소스가 세운 체계에서는 지구가 우주의 중심에 있고 그 위로 달과 태양, 그리고 행성들의 천구가 있고 가장 바깥에 항성들이 있는 항성 천구가 있다. 달, 태양 등 7개의 떠도는 천체는 각각의 천구 안에서 움직이는데, 천구는 투명한 구 모양이라고 했다. 반짝이는 별에서 반짝이는 수정을 연상했는지, 이 천구를 '수정구'라고도 불렀다. 우주는 이런 수정구들이 양파처럼 겹겹이 싸여 만들어진 공간이었다. 지구를 중심으로 하여 동심원처럼 천구가 겹겹이 배치되어 있어 '동심 천구 이론'이라고 부른다. 지구에 가장 가까운 천구는 달이 운동하

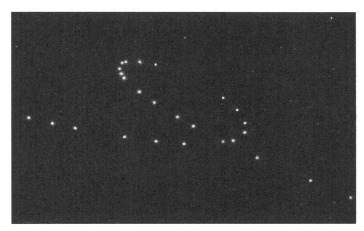

[그림 1-5] 화성의 역행 현상. 하늘을 보면 동쪽으로 가다가 어느 순간 서쪽으로 거꾸로 가다가 다시 동쪽으로 간다.

는 수정구이다. 그다음에 수성, 금성, 태양이 회전하는 수정구가 각각 있고 그다음에 화성, 목성, 토성이 회전하는 수정구가 있다. 각 수정구에는 내벽과 외벽이 있어 행성은 그 사이를 움직이며 지구를 회전한다. 모두 자신의 수정구를 벗어나지 않고 그 안에서만 움직인다. 사람들은 한 행성이 수정구의 벽을 뚫고 다른 수정구로 들어가는 일은 일어날 수 없다고 믿었다.

이렇게 동심 천구로 겹겹이 쌓인 우주론으로는 설명할 수 없는 일이 있었다. 행성들은 원을 따라 계속 동쪽으로 이동하지 않고, 가끔씩 방향을 바꿔 서쪽으로 거꾸로 가기도 했다. 화성은 한 번 거꾸로 가기 시작하면 두 달 정도를 거꾸로 갔다. 이 역행 현상은 동심 천구 체계 안에서는 일어날 수 없는 일이었다.

에우독소스는 천구의 개수를 늘렸다. 태양에는 하루에 한 바퀴 도는 천구와 1년에 한 바퀴 도는 천구에 달과 관련된 천구를 추가하여 3개의 천구가 할당되었다. 달에도 3개의 천구가 할당되었다. 행성에는 각각 4개의 천구가 할당되었다. 4개의 천구 중 첫 번째 천구인 가장 바깥쪽 천구는 항성 천구의 일주 운동을 하고 두 번째 천구는 황도를 따라 한 바퀴 돈다. 행성은 네 번째 천구의 적도에 있다. 세 번째 천구와 네 번째 천구가 행성의 역행과 다음 역행 사이의 시간 간격마다 서로 반대 방향으로 한 바퀴 돈다고 하면 이 네 개의 천구로 행성의 역행까지 설명되었다. 에우독소스는 이렇게 겹겹이 끼워 맞춰진 천구에 항성 천구를 더하여 27개의 천구로 우주를 설명했다.

모든 천구에 회전하는 힘을 전달하는 가장 바깥 천구

고대 그리스인들이 천구들은 이렇게 겹겹이 붙어 있어야 한다고 생각한 이유는 무엇일까? 그 이유는 아리스토텔레스가 확립한 자연학에서 찾을 수 있다.

아리스토텔레스의 자연학의 큰 줄기는 두 가지로 설명할 수 있다. 하나는 지상계와 천상계의 구분이고, 또 하나는 본성에 의한 자연 운동과 외부 원인에 의한 강제 운동의 구분이다. 지상계에는 자연 운동과 강제 운동이 모두 있는 반면, 천상계에는 자연 운동만 있다. 그 차이는 구성 요소 때문에 일어난다. 아리스토텔레스는 모든 물질은 물, 불, 공기, 흙의 네 가지로 구성되어 있다고 생각했다. 이는 엠페도클레스가 처음 주장한 이론으로 플라톤은 『티마이오스』에서 우주 제작자인 데미우르고스가 4종류의 원소를 만들고 이것들을 섞어 모든 물질을 만들었다고 말했다. 플라톤은 4원소의 기하학적 모양에 대해서도 말했다. 물질의 기본 단위를 감각적으로는 알아차릴 수 없지만 수학적으로는 단순한 구조를 가진다는, 수학적으로는 엄밀하게 이해할 수 있다는 사상이다. 이에 따라 4원소의 성질과 정다면체의 모양을 유사한 것끼리 연결 지었다. 흙은 정다면체 중 가장 움직임이 없는 정육면체이다. 면이 삼각형인 다면체들은 면의 개수가 적을수록 잘 움직인다고 보아 불은 정사면체, 공기는 그다음으로 면이 적은 정팔면체, 물은 정이십면체라고 했다.[8] 물과 흙은 무겁고 불과 공기는 가벼우므로 주 원소가 물과 흙인 물체는 무거운 본성에 따라 지구로 하강하고 주 원소가 불과 공기인 물체는 가벼운 본성에 따라 상승한다. 이것이 지상계에서의 자연 운동이고, 상승·하강이 아닌 다른 운동은 모두 외부 원인에 의한 강제 운동이다.

　운동이 일어나려면 반드시 접촉이 있어야 했다. 건드리지 않았는데도 저절로 움직이는 건 마술이지 자연철학의 영역이 아니었다. 만약 돌을 던지면 이 돌에 가해진 '던진다'라는 행위는 이 돌이 자연 운동을 하지 못하도록 막는다. 강제 운동이 일어나는 것이다. 아리스토텔레스의 이론에 따르면, 처음에는 돌을 던진 사람의 손이 외부 원인이 되어 돌이 날아가지만, 손을 떠난 후에는 공기가 외부 원인이라고 했다. 아리스토텔레스에 따르면 진공은 없기 때문에 돌이 나가는 쪽의 공기가 돌이 있던 자리, 즉 뒤쪽을 채우면서 돌을 위나 아래로 밀면서 강제 운동이 계속된다. 이런 강제 운동이 끝나면 자연 운동으로 대체된다. 즉, 돌이 하강하여 땅에 떨어진다.

완전한 천상계는 제5원소, 에테르라는 순수하고 변치 않으며 투명하고 무게가 없는 물질로 가득 찼다고 생각했다. 천구도 에테르로 만들어졌다고 했다. 이것의 본성은 원운동이어서 천상의 별들은 영원히 원운동을 한다. 천구가 하루에 한 바퀴씩 움직이려면 이 천구를 돌려주는 힘이 필요했다. 천구를 움직이는 힘은 바깥쪽에서부터 전달되어왔다. 모든 천구는 맞닿아 있어 천구와 천구의 마찰이 전체 천구를 움직이게 하는 동력이다. 항성 천구의 안쪽 천구는 그 아래 토성 천구의 바깥쪽 천구를 밀어 토성 천구를 움직이게 한다. 마찬가지 방법으로 그 아래 천구는 또 그 아래 천구를 움직이게 해서 7개 천체들의 모든 천구들이 차례로 움직이게 되는 것이다. 기계 장치처럼 연결되어 바깥쪽에서부터 안쪽으로 미는 힘을 전달하는 체계를 만들기 위해 아리스토텔레스는 천구를 55개로 늘렸다.

천구들의 움직임이 지상계에까지 전달되어 지상에 대기의 순환이나 기상의 변화가 일어나고 계절이 생긴다. 이런 움직임이 없었다면 지구를 이루는 4원소인 불, 공기, 물, 흙은 각각 분리된 채 그대로 있어, 지금과 같이 뒤섞여서 물질을 만들어내지도 못했을 것이다. 아리스토텔레스는 천상계와 지상계의 운행의 원리를 이렇게 설명했다.

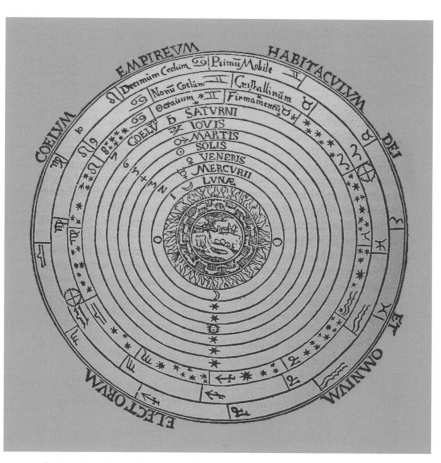

[그림 1-6] 아리스토텔레스의 우주 체계. 가운데가 지상계. 1은 달, 2는 수성, 3은 금성, 4는 태양, 5는 화성, 6은 목성, 7은 토성이다. 각각의 행성들은 자신들의 천구에 박혀 하늘을 돈다. 그 바깥이 항성 천구이고 그 다음에 원동자가 있다.

그런데 가장 바깥쪽에 있는 항성 천구는 어떻게 회전을 시작할 수 있었을까? 아리스토텔레스는 운동의 원인을 하나하나 따져 올라가다가 운동의 궁극적인 기원, 즉 최초로 움직임을 일으키는 것이라는 개념이 필요하다는 생각에 이르렀다. 이것을 '원동자(the Prime Mover)'라고 이름 지었다. 원동자는 자신은 움직이지 않으면서 가장 바깥에 있는 항성 천구를 회전하게 한다. 아리스토텔레스의 이런 우주관은 원동자를 하나님이라고 하고 지상계의 가장 안쪽에 지옥을 덧붙여 기독교의 교리에 맞는 우주관으로 삼기에 안성맞춤이었다.

천문학 이론, 인간의 상상으로 다시 태어나다

기독교 교리에서 차용한 아리스토텔레스의 우주관은 단테의 『신곡』에 잘 나타나 있다. 『신곡』에서 단테는 지옥, 연옥, 천국을 여행한다. 지옥은 땅속에서 깔때기 모양으로 점점 좁아지는 9개의 원으로 이루어져 있다. 지하 1층 림보에서는 플라톤, 프톨레마이오스 등 예수가 태어나기 이전인 고대에 살았던 훌륭한 사람들을 만난다. 평화로운 분위기의 림보에 머무는 사람은 연옥이나 천국으로 갈 수도 있다. 아래로 내려갈수록 큰 죄를 저지른 혼령들이 벌을 받고 있는데, 가장 아래층인 9층 배신 지옥에서는 예수를 팔아넘긴 유다와 카이사르를 암살한 브루투스를 만난다. 수백 명의 사람들을 만나면서 지옥부터 연옥을 거쳐 천국을 여행하는데, 단테는 천국의 구조를 어떻게 생각해냈을까? 바로 당시의 우주관이다. 천국은 하늘에 있으니 가장 가까운 천국은 달의 하늘이다. 그 위로 수성 하늘의 천국, 금성 하늘의 천국과 같이 행성들의 위계에 따른 천국이 이어지고 항성 하늘의 천국 바깥으로 원동 하늘의 천국까지 9개의 층으로 천국이 이루어져 있다. 그리고 가장 바깥은 신의 자리이다. 지옥과 천국은 대칭을 이루는 듯 모두 9개의 층으로 되어 있다. 단테는 이렇게 아리스토텔레스의 우주관에서 천국을 묘사할 구조를 따오고 그것을 땅속으로 대칭시켜 지옥을 만들어냈으리라.

『신곡』 천국편을 읽으면 단테가 베아트리체의 도움으로 하늘을 하나하나 오를 때마다 행성을 하나하나 여행하는 듯하다. 단테는 수성에서 금성으로 오른 첫 장면을 천국편 8곡에서 다음과 같이 그린다.

> 한때 위험한 시대에 세상은 아름다운 비너스가
> 세 번째 주전원에서 회전하면서
> 열광적인 사랑의 빛을 발한다는 생각을 하였다.

단테는 이 문장에서 '키프로스 섬의 미녀'(la bella Ciprigna)라는 말을 썼다. 이 미녀는 누구를 가리킬까? 키프로스 섬으로 조개껍데기를 타고 나타난 사람은 미의 여신 비너스이니 비너스 여신이 세 번째 하늘에서 빛나고 있다는 말일까. 미의 여신 비너스는 에로스적인 사랑을 불어넣는 힘을 지닌 기독교가 아

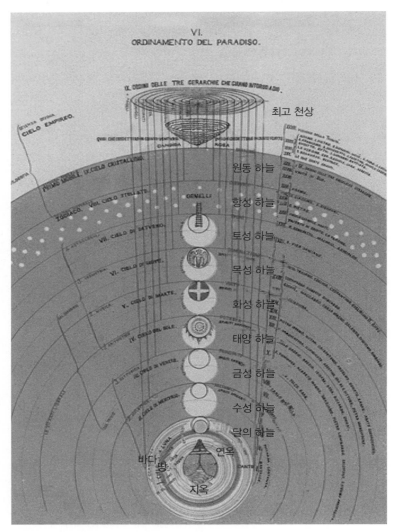

[그림 1-7] 단테의 『신곡』에서 묘사된 지옥, 연옥, 천국. 천국은 천구들로 구성되었다.

닌 이교도들의 신이다.

지구 위의 세 번째 하늘은 금성의 하늘이고 금성은 영어로 비너스(Venus)이니 단테는 유일신을 믿지 않는 위험한 시대의 생각이라면서 은근슬쩍 금성을 키프로스 섬의 아름다운 여인으로 은유한 셈이다.

단테는 원동의 하늘에 오른 28곡에서 최고 천상을 바라본다. 신은 '그 힘을 마주한 누구라도 눈을 감을 수밖에 없는 예리하게 빛나는 빛'으로 묘사된다. 그 주위를 둘러싼 9명의 천사는 빛나는 원환의 모습을 하고 있다. 왜 9명일까? 천사를 상징하는 원환은 달부터 시작해서 원동의 하늘까지 9개의 하늘을 뒤집어서 만들어냈기 때문이다. 단테의 목소리를 직접 들어보자.

그 원환은 두 번째 원환에, 그것은 세 번째 원환에,
세 번째는 네 번째에, 네 번째는 다섯 번째에,
그리고 다섯 번째는 여섯 번째에 둘러싸여 있었다.

그다음에 있는 일곱 번째는
헤라의 전령 모두가 에워싸기에도 부족할 정도로
너무나 넓었다.

여덟 번째와 아홉 번째는 더 넓었다.
그들은 어느 것이든 중심에서
멀어질수록 더 느리게 돌았다.

가장 맑은 광채를 지닌 원환은
순수한 불꽃에서 가장 가까웠다.
그곳의 진리를 더 깊게 공유하기 때문에.

  단테는 지옥, 연옥, 천국만이 아니라 신의 하늘까지 당시의 우주관으로부터 상상해내었다. 인간에게는 멀고 먼 하늘에 있는 신이지만 이제 신의 하늘에서는 중심에 있다. 천구들이 지구를 둘러싸듯 9개의 원환이 중심에 있는 신을 둘러싸고 있다. 천구가 지구에서부터 멀어질수록 회전속도가 느려지는 것처럼 신의 하늘에서도 원환은 신에게서 멀어질수록 느려진다. 신의 진리를 더 깊게 공유하는 원환이 더 빨리 회전하는 것이 우주의 이치이기 때문이라면서.

  결국 인간의 상상력의 발은 현실을 딛고 있을 수밖에 없지 않은가. 천구의 속력에 대한 단테의 언급은 나중에 갈릴레오의 『대화 : 천동설과 지동설, 두 체계에 관하여』 중 자전에 관하여 쓴 「둘째 날 대화」[9]에서 볼 수 있다. 코페르니쿠스를 지지하는 살비아티가 천구가 회전하려면 엄청난 속력이 필요하다고 하자 아리스토텔레스 이론을 지지하는 심플리치오(심플리키우스)는 "조물주의 무한한 힘을 생각하면, 우주 전체를 움직이는 것은 지구 또는 밀짚을 움직이는 것처럼 쉬운 일이지."라고 말한다.

동심 천구로는 설명 안 되는 우주

양파 껍질처럼 천구가 천구를 겹겹이 둘러싸고 있는 우주라는 동심 천구 이론은 그 생명이 일찍 끝났다. 첫 번째 의문은 가끔씩 나타나는 유성과 혜성이었다. 생성·소멸이 없다던 천상계는 완전해야 하는데 어찌 된 일인가? 에테르로 만들어진 투명하면서도 단단한 천구 껍질은 뚫고 지나갈 수가 없는데 어찌 된 일인가? 사람들은 유성과 혜성은 천상계가 아니라 지구의 대기 중에서 일어나는 현상이라고 믿어버렸다. 변화무쌍한 지상계에서 벌어지는 일이라고. 그래도 여전히 해결되지 않는 현상들이 남아 있었다.

문제는 밝기와 속력의 변화였다. 역행 때는 행성이 더 밝아지면서 지구에 가까이 오는 듯이 보였다. 속력도 일정하지 않고 변했다. 동심 천구 이론에 따르면 천구들은 모두 지구를 중심에 둔 구이기 때문에 행성과 지구 사이의 거리는 변할 수 없다. 일정한 거리를 유지하는 행성이 밝기가 왜 변하는지 설명하지 못했고 속력이 변하는 이유도 설명하지 못했다. 결국 다른 이론에게 자리를 내줄 수밖에 없었다. 물론 천구라는 관념은 코페르니쿠스의 책 제목 『천구의 회전에 관하여』에서도 알 수 있듯이 17세기 초까지 살아남았다. 우주론에서 천구가 사라진 때는 튀코 브라헤가 새로운 우주 모형을 제시했을 때이다.

2

원으로
가득 찬
하늘

하늘에 그려진
고리들

천상의 세계에서 벌어지는 완전하지 않은 현상을 조화롭게 설명해내기 위해 여러 가지 이론이 나타났다. 가장 영향력 있는 이론은 아폴로니오스와 히파르코스가 개발하고 발전시킨 주전원과 이심원 이론이다. 행성의 궤도는 지구를 중심으로 하는 원 한 개로 만들어지는 것이 아니라 여러 개의 원이 결합되어 만들어진다는 이론이다.

아폴로니오스는 지구를 중심으로 한 원을 '대원', 중심이 대원 위에 있는 원을 '주전원'이라고 하고, 행성을 주전원 위에 두었다. 먼저 이런 모델에서 역행 현상이 어떻게 설명되는지 보자.

주전원의 중심은 대원 위를 구르면서 동쪽으로 이동한다. 주전원은 회전운동을 하고 있으므로 주전원 위의 행성이 그리는 궤도는 원형일 수 없다. [그림 2-1]과 같이 고리가 반복해서 생긴다. 이 고리 부분을 지구에서 보면 어떻게 보일까? 행성의 궤

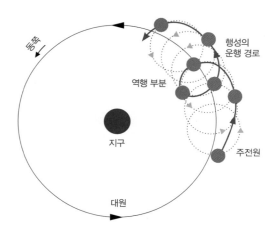

[그림 2-1] 행성이 주전원 위에서 운행하면 행성의 궤도는 고리가 여러 개 생기는 모양
이 된다.

도가 교차하는 부분, 즉 고리가 그려지기 시작할 때 행성은 동
쪽으로 가기보다는 지구 쪽으로 가까이 오듯이 보인다. 행성이
일정한 속력으로 움직이고 있어도 지구에서 볼 때는 행성이 점
점 느려지는 것으로 보인다. 또 점점 가까이 옴에 따라 밝아진
다. 이윽고 진행 방향이 바뀌면서 가장 밝은 시기가 오고 조금
씩 멀어지면서 다시 동쪽으로 진행한다. 한 개의 고리가 완성되
면 역행도 한 번 완성된다.

대원과 주전원, 두 개의 원을 이용하여 역행은 물론 행성의
밝기의 변화, 속력의 변화까지 모두 설명할 수 있게 되었다. 수

성, 금성, 화성, 목성, 토성 등 행성마다 두 원의 반지름의 길이의 비, 두 원의 회전 속력의 비를 다르게 해서 행성 고유의 운행을 설명할 길을 열었다.

태양 궤도를 조정하는 주전원

역행을 하지 않는 태양과 달의 경우에도 주전원은 매우 쓸모 있는 장치였다. 태양을 예로 들어보자. [그림 2-2]는 지구 주위를 태양이 공전하고 있음을 그린 그림이다.[1] 아리스토텔레스의 이론에 따르면 태양은 원 위를 일정한 속력으로 운행해야 하지만 아폴로니오스도, 히파르코스도 태양의 속력이 일정하지 않음을 알고 있었다. 이미 고대 문명에서부터 관측을 통해 춘분에서 하지를 거쳐 추분으로 돌아오는 데 걸리는 시간은 추분에서 동지를 거쳐 춘분으로 돌아오는 데 걸리는 시간보다 며칠이나 더 걸린다는 사실도 알고 있었다. 그러니 태양의 궤도는 [그림 2-2]의 (a)와 같은 원일 수 없었다. 태양의 궤도인 대원 위에 주전원을 하나 설정하면 이 문제를 해결할 수 있다. 행성의 궤도는 [그림 2-2]의 (b)의 점선이 되어 춘분에서 하지를 거쳐 추분으로 운행할 때 시간이 더 걸리게 된다.

　태양과 달은 역행을 하지 않았다. 그래서 이들의 운동을 설명할 때 주전원의 역할은 관측값과 이론 사이에서 맞지 않는 작은 값 차이를 조정하기 위한 것이었다. 태양의 경우 주전원의 속력을 주전원의 중심이 이동하는 속력의 두 배로 올리면 [그림 2-2]의 (c)처럼 궤도가 납작해져 궤도 위의 태양의 속력이 일정하지 않게 보이게 된다. 주전원의 반지름을 조정해도 이런 효과를 얻을 수 있다. 이제 태양의 관측값과 이론을 정확히 맞추는 일은 대원과 주전원의 속력의 비, 크기의 비를 조정하는 세부적인 조정에 달려 있다. 프톨레마이오스의 체계에서 역행 문제를 해결하는 주전원은 행성마다 한 개씩, 즉 5개 있었고 주전원 위의 주전원과 같은 70개가 넘는 주전원들은 모두 이런 식으로 미세한 위치 차이를 조정하기 위해서 사용되었다.

주전원을 도입하여 역행 문제와 행성의 밝기가 변하는 문제를 해결하자 양파 껍질 같은 겹겹의 천구는 사실상 천문학자들에게 중요하지 않게 되었다. 프톨레마이오스는 행성의 위치를 계산할 때, 태양계 전체를 한꺼번에 고려하지 않았다. 천구가 겹겹이 쌓여 있는 모양으로 놓고 계산하지 않았다는 말이다. 그렇게 되면 구 모양을 다루어야 해서 구면삼각법이 필요하다. 대신 프톨레마이오스는 행성 각각을 따로 떼어서 다루었다. 지구를 중심으로 하는 대원, 대원 위의 주전원. 행성의 위치를 계산하는 일은 이렇게 맞물려 돌아가는 두 개의 원을 다루는 평면에서의 문제를 해결하는 것으로 충분해졌다. 이런 모형은 구면을 다루는 것보다 엄청나게 유리했다. 덕분에 천문학자들은 천체마다 대원과 주전원의 크기를 구하고 정밀한 관측 결과를 토대로 하여 행성의 위치를 예측하는 계산을 할 수 있게 되었다.

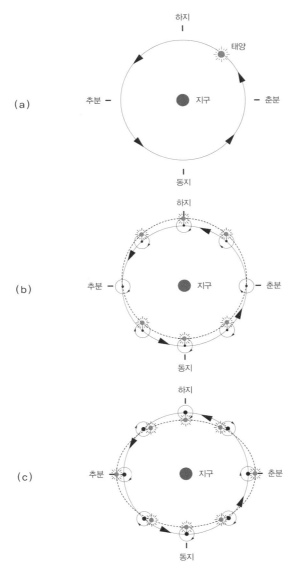

[그림 2-2] (b) 태양이 대원이 아닌 주전원 위에서 움직이면 태양이 춘분에서 추분으로 오는 길이 더 길어진다. (c) 주전원의 속력이 2배일때 만들어지는 곡선.

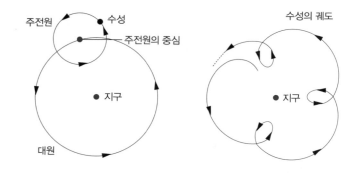

[그림 2-3] 지구를 중심으로 하는 대원 위를 주전원이 회전한다. 행성은 주전원 위에서 회전한다. 수성의 주전원의 반지름은 이심원의 반지름의 $\frac{1}{4}$. 주기는 88일로 기록되어 있다.

주전원의 크기를 계산하다

우리는 행성들의 궤도가 원이 아니라 타원임을 알고 있다. 프톨레마이오스가 완성한 고대의 천문학에서는 대원 위에 주전원을 여러 개 배치하고 그 주전원 위에 행성이 있게 하면서 실제 행성의 관측 위치를 이론과 맞추는 일이 중요했다.

수성의 주전원의 주기는 88일로 [그림 2-3]의 오른쪽 그림과 같이 주전원이 3개의 고리를 완성하는 데 걸리는 348일은 1년보다 짧다. 주전원의 주기가 수성이 지구를 한 바퀴 도는 황도 주기(주전원의 중심이 대원 위를 도는 주기)의 배수가 아니기 때문에 네 번째 고리는 첫 번째 고리와 겹치지 않는다. 따라서 주전원이 대원을 두 번째 돌 때 처음과는 어긋나면서 돌게 된다. 금성도 마찬가지이다.

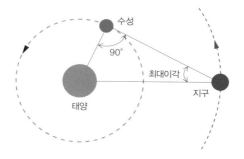

[그림 2-4] 지구에서 볼 때 내행성이 태양으로부터 가장 멀리 벗어지는 위치의 각을 '최대이각'이라고 한다.

주전원의 크기도 오랜 관측 자료를 이용하여 알아냈다. 화성, 목성, 토성과 같은 외행성은 태양의 반대편에 있는 경우도 있지만 이와 달리 내행성인 수성과 금성은 항상 태양 근처에 머물렀다. 이 현상을 설명하기 위하여 프톨레마이오스는 수성과 금성의 주전원의 중심은 항상 지구와 태양을 잇는 선 위에 존재한다고 설정했다. [그림 2-4]와 같이 지구에서 볼 때 내행성이 태양으로부터 가장 멀리 벗어지는 위치의 각을 '최대이각'이라고 하는데, 금성의 최대이각이 수성의 최대이각보다 크므로 금성의 주전원이 수성의 주전원보다 크다.

『알마게스트』 IX권 9장에서 프톨레마이오스는 수성의 주전원에 대한 계산을 하기 위해 수성이 태양으로부터 멀리 떨어져 있는 날의 기록, 하드리아누스 14년(130년 7월 4일) 저녁의 최대

이각 $26\frac{1}{4}°$, 안토니누스 2년(139년 7월 4/5일* 새벽의 최대이각 $20\frac{1}{4}°$를 이용했다.[2] 이 배치에서 삼각법을 이용하여 대원의 반지름이 60일 때, 수성의 주전원의 반지름은 22.5이고 금성의 주전원의 반지름은 43.2임을 계산해냈다.

프톨레마이오스는 지구와 행성 사이의 거리를 모두 60^p**으로 놓고 계산했다. 프톨레마이오스는 『알마게스트』에 바빌로니아인들이 점토판에 남긴 관측 기록을 사용한 히파르코스의 계산을 여러 차례 인용하고 수정도 했는데, 그들과 같이 육십진법을 사용했다. 60이라는 수가 360과 같이 약수가 많은 수로 분수를 나타낼 때 편리했기 때문일 것이다. 정수와 분수로만 수를 나타냈던 이 전통(소수는 훨씬 나중에 사용되었다)은 꽤 오래 유지되었는데 십진법이 도입된 이후에도 이슬람 세계의 천문학 분야에서는 계속 육십진법을 사용했다.

어긋나는 주전원

아폴로니오스와 히파르코스는 주전원을 태양과 달에 적용하여 태양과 달의 운행을 설명하는 이론을 세웠지만 행성에 대해서

- 고대 이집트에서는 하루가 정오에 시작되었다. 따라서 당시의 하루는 지금 달력으로는 정오부터 다음날 정오까지 이틀에 걸치게 된다. 139년 7월 4/5일은 안토니누스 2년에 수성을 기록한 날을 지금의 달력으로 환산한 날짜이다.
- p는 프톨레마이오스가 삼각비 계산에서 사용하는 임의의 단위이다. 삼각비는 비이므로 변의 길이와 관계없다. 따라서 여기에서는 60^p을 간단히 60이라고 나타내기로 한다.

는 주전원 이론을 완성하지 못했다. 아마도 당시까지 관측된 값이 충분하지 않았거나 태양과 달에 비해 역행하는 행성들은 다루기가 매우 까다로웠기 때문이리라 추정된다.

행성을 언제부터 관측했는지 정확하게 알 수 없다는 사실은 너무도 당연한 일이다. 우리는 남아 있는, 그중에서도 해독된 관측 기록만 알 뿐이다. 알려진 체계적인 관측 기록은 기원전 2,000년경부터 이루어진 고대 메소포타미아의 기록이다. 고대 바빌로니아인들은 천문학적 현상이 주기적이라는 사실을 알았고 이러한 주기성을 처음으로 계산하여 예측했다. 바빌로니아 제1왕조(약 기원전 1830~기원전 1531년) 암미사두카의 '금성 서판'에는 금성의 운동이 기록되어 있다. 암미사두카가 함무라비 이후 네 번째 왕인 것을 감안하면 이 관측은 아마도 기원전 17세기에 시작된 것으로 추정된다고 한다. 이 점토판에는 21년 동안 금성이 일출과 일몰 후에 지평선에서 보인 첫 날짜와 마지막 날짜(음력), 출몰 시간이 기록되어 있다.[3]

금성에 대한 기록이 매우 오래전까지 거슬러가는 이유는 아마도 태양과 달을 제외하면 행성 중에는 금성이 낮에도 보일 때가 있을 정도로 가장 밝기 때문이 아닐까 한다. 금성은 기원전 3,000년에 초기 수메르 도시 우루크에서 출토된 점토판에도 언급되어 있다. 이난나는 금성의 이름이었는데, 나중에는 이슈타르로 바뀌었다. 바빌로니아인들은 들판에 영토의 소유권을 표시하는 경계석들을 세웠는데, 특히 카시트 왕조(바빌로니아 제3왕조, 기원전 1570~기원전 1153년)가 세운 토지의 소유 경계를

[그림 2-5] 카시트 왕조의 쿠두루. 왼쪽은 통치자 에안나 숨 이디나가 굴라 에레시에게 땅을 하사했다는 내용, 오른쪽은 멜리 시팍 왕이 그의 딸에게 땅을 하사했다는 내용이 담겨 있다. 모두 금성, 초승달, 태양을 상징하는 그림이 그려져 있다.

나타내는 돌 또는 통치자로부터 무상으로 토지를 하사받은 내용을 새겨 넣은 돌을 뜻하는 쿠두루에는 대체로 특별한 상징이 그려져 있다. 금성을 상징하는 팔각 별 모양의 별과 초승달, 태양을 상징하는 그림이 바로 그것이다.[4]

팔각 별이 금성을 상징한다고 보는 이유는 무엇일까? 그 이유는 셀레우코스 왕조(기원전 312~기원전 63년) 시대의 점토판을 해독하면서 알게 되었다. 점토판 SH.135에는 "금성이 8년 뒤에 돌아오면 4일을 빼야 한다."라고 기록되어 있다.[5] 이미 바빌로니아 제1왕조부터 금성의 관측 기록이 전해지고 있었으니 이 점토판에 쓰인 말은 금성이 8년마다 제자리로 돌아오되 4일을 빼야 정확한 날짜를 얻을 수 있다는 뜻이다. 이는 금성의 주전원의 주기가 225일로 1년의 길이와 일치하지 않아 생기는 문제이다. [그림 2-3]의 수성처럼 주전원의 주기와 황도 주기가 일치하지 않으므로 주전원 위를 운동하며 돌아온 금성은 처음 시작한 위치를 비껴가며 그다음 순환을 시작하게 된다.

프톨레마이오스의 계산에 따르면 금성의 주전원의 주기는 225일, 역행 주기는 584일이다. [그림 2-6]은 지구를 중심에 두고 수성, 금성, 태양의 궤도를 그린 그림이다. 지구 가까이에 있는 5개의 고리는 금성의 운행을 나타내는데, 색선이 금성의 1년이다. 앞에서 설명한 대로 1년이 걸려 지구를 한 바퀴 돌아왔지만 주전원의 주기와 황도 주기가 일치하지 않아 시작한 위치로 돌아오지 못하고 어긋난 채 다음번 회전을 시작한다. 이 과정을 8번 반복하면 5개의 고리를 그리게 된다. 즉, 5번의 역행을 하면서 황도를 8바퀴 돌고 나면 출발했던 위치로 돌아오게 된다. 이 때문에 바빌로니아에서는 금성, 즉 이슈타르 신은 8로 상징하게 되었고 우리는 쿠두루에서 그 흔적을 보고 있다.

마찬가지로 수성도 출발한 자리로 돌아오려면 23개의 고리를 그리면서 7년이 넘는 시간이 걸린다. [그림 2-6]에서 금성의 5개의 고리 바깥쪽으로 그려진 23개의 고리가 수성의 운행을 나타낸다. 이 그림에서는 수성과 금성이 태양의 궤도를 넘나들며 운행하도록 그려져 있다. 이미 천구의 개념도 사라졌고 태양중심설이 확고하게 자리를 잡은 18세기에 이 그림이 그려진 이유는 지구중심설에 따른 수성의 궤도와 금성의 궤도를 설명하기 위해서이다.

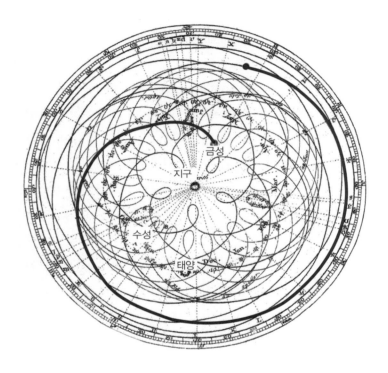

[그림 2-6] 1771년 브리테니커 백과사전 초판의 천문학 표제어에 실린 그림으로, 지구
를 중심에 두고 수성, 금성, 태양의 겉보기 운동을 그린 것이다. 태양 궤도는 점선인
원, 지구에 가까운 5개의 고리는 금성의 궤도, 바깥쪽 23개의 고리는 수성의 궤도
이다. 색선은 금성의 1년을 나타낸다.

고대 우주 체계의
완성

⦿   아폴로니오스는 '현상을 구하'는 또 다른 방법으로 이심원을 만들어냈다. '이심'은 천구의 중심을 말하는데, 우주의 중심에서 조금 벗어났기 때문에 '이심'이라는 이름을 붙였다. 이제 대원의 자리는 이심을 중심으로 하는 원, '이심원'이 차지했다. 여전히 지구는 우주의 중심이지만 행성은 이심을 중심으로 회전한다는 설명이다.

태양의 궤도를 하나의 원으로 설명할 수 없어서 또 다른 원, 주전원을 도입한 이유는 계절에 따라 태양의 속력이 달라 보였기 때문이다. 이 문제를 해결하기 위해서는 주전원으로 태양의 궤도인 원을 조금 납작하게 만들 수도 있지만, 태양 궤도의 중심을 옮겨도 된다. 태양 궤도의 중심을 지구가 아니라 하지 쪽으로 조금 이동한 이심으로 바꾸어보자. 그러면 [그림 2-7]의 오른쪽 그림과 같이 지구에서 볼 때 춘분에서 하지를 거쳐 추

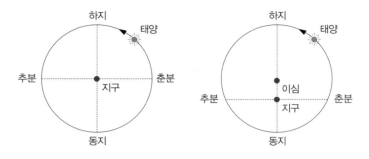

[그림 2-7] 태양 궤도의 중심이 지구인 경우와 이심인 경우. 이심을 도입하면 지구에서 볼 때 태양의 속력이 일정하지 않게 보이는 현상을 설명할 수 있다.

분으로 이동하는 거리가 더 길어진다. 그렇기 때문에 마치 여름에는 속력이 느려지는 것처럼 보일 뿐이라는 설명이 가능하다. 반면에 추분에서 동지를 거쳐 춘분으로 이동하는 거리는 짧아졌으므로 겨울에는 속력이 더 빨라지는 것처럼 보인다.

히파르코스의 태양 이심원 모델

히파르코스의 가장 큰 업적은 이심을 이용하여 태양 운동의 모델을 세운 것이다. 히파르코스는 아폴로니오스의 이심원 모델에 필요한 매개변수 값 계산을 처음으로 시도했다. 그가 세우고자 한 모델은 태양의 위치를 예측할 수 있는 모델이다. 이를 위해서는 일 년의 길이, 이심률, 원일점*의 위치와 같은 매개변수를 알아야 했다. 이 세 가지를 구하여 태양의 운행 모델을 만들면 특정한 날의 태양의 위치를 계산할 수 있게 된다.

모델을 만든다는 것은 현대식으로 말하면, 매개변수를 포함한 식으로 각 데이타 사이의 관계를 수립한다는 뜻이다. 가령 공을 똑바로 굴렸을 때, 그 공의 직선 운동 모델을 수립한다는 것은 힘과 속도를 고려하여 시간에 따른 위치 관계가 포함된 식, 즉 시간을 입력하면 위치를 알 수 있는 식을 찾아냈다는 뜻이다. 이 식에 포함된 상수를 '매개변수'라고 하는데, 이 매개변수가 정확해야 이 모델이 공의 위치를 제대로 예측할 수 있게 됨은 말할 필요조차 없다. 간단히 말하면, 시간 x에 공이 y의 위치에 있다고 할 때, 직선의 식 $y=ax+b$에서 상수 a, b가 매개변수이고, 이 값을 관측을 통해 정확하게 찾아냈다면 이 식의 x에 원하는 시간을 넣으면 정확한 공의 위치 y가 구해진다. 따라서 운동 모델의 성공 여부는 매개변수의 정확성에 달려 있다.

히파르코스는 지구에서 조금 떨어진 곳에 이심을 정하고 태양이 움직이는 이심원에 춘하추동 네 분점을 그렸다. 지구를 중심으로 춘하추동 네 분점은 직각을 이루고 있다. 그가 이용한 값은 태양이 황도를 한 바퀴 도는 시간 $365 + \frac{1}{24} - \frac{1}{300}$일, 춘분에서 하지까지 태양이 이동하는 시간 $94\frac{1}{2}$일, 하지에서 추분까지 $92\frac{1}{2}$일이다. 그는 원의 성질과 비례, 초보적인 평면삼각법을 이용하여 이심률은 $\frac{1}{24}$(즉, 이심원의 반지름을 60이라고 할 때 이심거

• 이심률은 이심원의 반지름에 대한 지구와 이심 사이의 거리의 비를 말한다. 이 값은 이심원과 주전원의 크기의 비와 같다. 지구중심설에서의 원일점은 지구의 둘레를 도는 천체의 궤도위에서 지구에서 가장 먼 위치를 말한다.

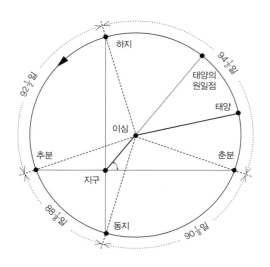

[그림 2-8] 히파르코스의 태양 이심원 모델. 춘분에서 하지, 하지에서 추분에 이르는 시간과 일 년의 길이로부터 이심거리와 춘분을 기준으로 한 원일점의 위치를 구했다.

리*는 60의 $\frac{1}{24}$인 $\frac{5}{2}$)이고 원일점은 지구에서 볼 때 춘분으로부터 65.30°의 위치에 있음을 계산해내었다.

히파르코스의 계산은 태양의 원일점에 대한 예측의 최대 오차가 22′으로 매우 정확한 편이라고 한다. 여기에는 히파르코스가 태양년의 길이를 $365 + \frac{1}{24} - \frac{1}{300}$일로 한 것이 크게 작용했으리라 짐작한다. 이 값은 그 이전에 일 년의 길이로 사용되던 $365\frac{1}{4}$일보다 더 정확해진 값으로 고대 바빌로니아의 한 달의

● 이심거리는 지구와 이심 사이의 거리를 말한다.

길이, 메톤 주기 19년*, 자신의 관측을 통해 얻었다고 여겨진다.[6] 히파르코스가 세운 태양의 이심원 모델은 17세기까지 표준으로 사용되었다.

히파르코스가 직접 쓴 책은 우리에게는 전해지지 않는데, 프톨레마이오스는 『알마게스트』에서 그의 계산을 매우 자주 광범위하게 인용하고 검토한다. 히파르코스가 썼다는 『일 년의 길이에 대하여』도 『알마게스트』에서 다루어진다. 프톨레마이오스는 『알마게스트』 III권 1장에서 히파르코스의 이론을 소개하며 일 년의 길이를 계산하고 2장에서는 이에 근거하여 태양의 위치를 표로 제시해놓았다. 태양이 1회전하는 데 365:14, 48일**이 걸린다는 사실로부터 이를 360°로 나누어 1일에 0:59,8,17,13,12,31°***돈다는 것을 구하고 이로부터 1시간 간격, 1달(30일) 간격, 18년 간격으로 태양의 위치가 어떻게 변하는지 정리해놓았다. 이 표에서는 태양의 각도의 변화가 균일한데, 이는 태양이 일정한 속력으로 원 궤도를 돌고 있다는 가정 아래 계산했기 때문이다. 예를 들면, 이 표에서 태양은 하루에는 약 59′ 8″씩 균일하게 움직이고 한 달에는 약 29° 34′ 8″씩 균일하게 움직인다.

『알마게스트』 III권 4장에서 프톨레마이오스도 태양의 이심원

- 고대 그리스의 천문학자 메톤이 태음력을 태양력과 일치시키기 위해서 기원전 433년에 발표했다. 19태양년은 235삭망월로 19년에 7번의 윤달을 넣으면 태양(계절)과 달(삭망)의 관계가 거의 완전하게 순환하기 때문에 19년을 '메톤 주기'라고 한다.
- ● 365:14,48일은 당시 사용한 육십진법 표현으로 $365 + \frac{14}{60} + \frac{48}{60^2}$일을 말한다.
- ●● 0:59,8,17,13,12,31° $= \frac{59}{60} + \frac{8}{60^2} + \frac{17}{60^3} + \frac{13}{60^4} + \frac{12}{60^5} + \frac{31}{60^6} = 59′8″17‴13⁗12‴‴31‴‴‴$을 말한다.

태양의 평균 운동을 기록한 표

태양의 원일점(쌍둥이자리 5;30°)에서 나보나사르 왕 원년의 태양의 평균 황경(물고기자리 0;45°)까지의 거리는 265;15°이다.							
18년 간격	o	´	˝	‴	⁗	⁵	⁶
18	355	37	25	36	20	34	30
36	351	14	51	12	41	9	0
54	346	52	16	49	1	43	30
72	342	29	42	25	22	18	0
90	338	7	8	1	42	52	30
108	333	44	33	38	3	27	0
126	329	21	59	14	24	1	30
144	324	59	24	50	44	36	0

1년 간격	o	´	˝	‴	⁗	⁵	⁶
1	359	45	24	45	21	8	35
2	359	30	49	30	42	17	10
3	359	16	14	16	3	25	45
4	359	1	39	1	24	34	20
5	358	47	3	46	45	42	55
6	358	32	28	32	6	51	30
7	358	17	53	17	28	0	5
8	358	3	18	2	49	8	40
9	357	48	42	48	10	17	15
10	357	34	7	33	31	25	50
11	357	19	32	18	52	34	25
12	357	4	57	4	13	43	0
13	356	50	21	49	34	51	35
14	356	35	46	34	56	0	10
15	356	21	11	20	17	8	45
16	356	6	36	5	38	17	20
17	355	52	0	50	59	25	55
18	355	37	25	36	20	34	30

1시간 간격	o	´	˝	‴	⁗	⁵	⁶
1	0	2	27	50	43	3	1
2	0	4	55	41	26	6	2
3	0	7	23	32	9	9	3
4	0	9	51	22	52	12	5
5	0	12	19	13	35	15	6

1달 간격	o	´	˝	‴	⁗	⁵	⁶
30	29	34	8	36	36	15	30
60	59	8	17	13	12	31	0
90	88	42	25	49	48	46	30
120	118	16	34	26	25	2	0
150	147	50	43	3	1	17	30
180	177	24	51	39	37	33	0
210	206	59	0	16	13	48	30
240	236	33	8	52	50	4	0
270	266	7	17	29	26	19	30
300	295	41	26	6	2	35	0
330	325	15	34	42	38	50	30
360	354	49	43	19	15	6	0

1일 간격	o	´	˝	‴	⁗	⁵	⁶
1	0	59	8	17	13	12	31
2	1	58	16	34	26	25	2
3	2	57	24	51	39	37	33
4	3	56	33	8	52	50	4
5	4	55	41	26	6	2	35
6	5	54	49	43	19	15	6
7	6	53	58	0	32	27	37
8	7	53	6	17	45	40	8
9	8	52	14	34	58	52	39
10	9	51	22	52	12	5	10
11	10	50	31	9	25	17	41
12	11	49	39	26	38	30	12

[그림 2-9] 『알마게스트』 Ⅲ권 2장에 실린, 태양의 위치를 나타내는 표의 일부. 18년 간격, 1년 간격, 1일 간격, 1시간 간격의 태양의 위치가 1도의 $\frac{1}{60^6}$자리까지 계산되어 있다.

불규칙한 태양의 운동

평균 태양의 위치(각도)		위치보정 가감차		평균 태양의 위치(각도)		위치보정 가감차
				111	249	2 16
				114	246	2 13
				117	243	2 10
6	354	0 14		120	240	2 6
12	348	0 28		123	237	2 2
18	342	0 42		126	234	1 58
24	336	0 56		129	231	1 54
30	330	1 9		132	228	1 49
36	324	1 21		135	225	1 44
42	318	1 32		138	222	1 39
48	312	1 43		141	219	1 33
54	306	1 53		144	216	1 27
60	300	2 1		147	213	1 21
66	294	2 8		150	210	1 14
72	288	2 14		153	207	1 7
78	282	2 18		156	204	1 0
84	276	2 21		159	201	0 53
90	270	2 23		162	198	0 46
93	267	2 23		165	195	0 39
96	264	2 23		168	192	0 32
99	261	2 22		171	189	0 24
102	258	2 21		174	186	0 16
105	255	2 20		177	183	0 8
108	252	2 18		180	180	0 0

[그림 2-10] 『알마게스트』 III권 6장에 실린, 태양의 위치를 보정하는 각을 계산한 표. 처음 15행은 원일점 부근의 두 사분면, 나머지 30행은 근일점 부근의 두 사분면에 대한 기록이다. 히파르코스와 같은 이심원 모델을 사용했다.

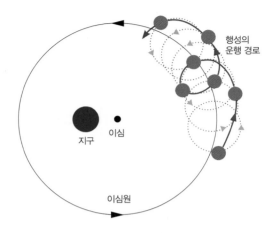

[그림 2-11] 행성 궤도의 중심은 우주의 중심인 지구가 아니라 약간 비껴난 곳, 이심이
다. 행성은 이심원 위에 중심이 있는 주전원 위를 돈다.

모델을 세웠다. 히파르코스의 모델을 소개하고 다시 자신의 관
측값으로 계산하여 히파르코스가 얻은 모델과 같은 모델을 얻
었음을 서술해놓았다. 이어서 프톨레마이오스는 태양의 이심원
모델에 따라 태양의 위치를 수정한 표를 6장에 실었다. 태양이
느리게 움직이는 원일점 부근 사분면은 6° 간격으로, 빨리 움직
이는 근일점* 부근 사분면은 3° 간격으로 계산한 결과이다.

프톨레마이오스는 각각의 행성들의 관측된 위치와 계산을
맞추기 위하여 7개의 천체에 대하여 천체마다 이심거리와 원일
점을 계산했다. 천문학자들에게 중요한 것은 동심 천구 이론처

• 지구중심설에서의 근일점은 지구의 둘레를 도는 천체의 궤도 위에서 지구에 가장
가까운 위치이다.

럼 천체들의 모든 움직임을 서로 연결하여 하나의 체계로, 그 원리를 설명하는 것이 아니었다. 현상과 일치하는 정확한 계산이 중요했다. 맨눈으로 가능한 한 정확하게 관측해서 관측값을 누적하기, 그로부터 7개 천체의 운행을 설명할 수 있는 모델을 만들고 그 모델에 근거해서 다시 천체의 움직임을 정교하게 예측하는 천체 운행표를 만드는 것만이 중요했다. 이제 천체들은 지구가 아닌 각자의 이심을 중심으로 돌게 되었다.

논란의 등각속도점

2세기경 활동한 프톨레마이오스는 당시까지의 천문학을 집대성하면서 또 하나의 장치를 만들어냈다. 완벽한 천상계의 운동은 등속원운동이어야 한다는 플라톤의 말은 진리로 신봉되고 있었는데, 천체들은 지구에서 볼 때는 물론 이심을 기준으로 해서도 속력이 일정하지 않았다. 프톨레마이오스는 '등각속도점'이라는 지점을 새로 설정했다. 등각속도점(이퀀트 equant)은 이퀄리티 포인트(equality-point)를 뜻하는 그리스 말에서 기원했다. 이 지점에서 행성들을 관찰한다면 행성들은 일정한 속력으로 원운동을 한다는 말이다. 우주의 중심은 여전히 지구이지만 행성들은 이심을 중심으로 하여 회전하고 등각속도점에서 보면 천체들의 속력이 일정하다는 고대의 우주 체계가 완성되었다. 그러나 사실상 우주 공간에서 비어 있는 지점인 등각속도점이라는 설정은

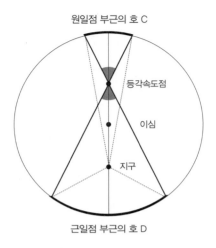

원일점 부근의 호 C

등각속도점

이심

지구

근일점 부근의 호 D

[그림 2-12] 등각속도점에서는 궤도를 도는 천체의 속력이 일정해 보인다.

이후 학자들에 의해 끊임없이 의혹을 제기당했고 결국 프톨레마이오스의 우주 체계가 무너지는 원인을 제공했다.

행성은 원일점 부근에서는 속력이 느려지고 근일점 부근에서는 빨라진다. 등각속도점을 도입하면 그 현상을 어떻게 설명할 수 있는지 살펴보자.

등각속도점에서 볼 때는 행성이 같은 시간에 이동한 각거리는 같다. 즉 [그림 2-12]에 표시한, 등각속도점에서 바라본 원일점 부근의 호 C를 바라보는 각의 크기와 근일점 부근의 호 D를 바라보는 각의 크기가 같으므로 두 호를 지나는 데 걸리는 시간은 같다. 그런데 지구에서 볼 때는 원일점 부근의 호 C가 근일점 부근의 호 D보다 짧으므로 원일점 부근에서는 속력이 느려 보이고 근일점 부근에서는 속력이 빨라 보인다고 설명했다. 행성마다 이심거리가 다른데, 이심거리가 클수록 원일점과 근일점 부근에서의 속력의 차이가 크게 된다. 그래서 프톨레마이오스의 과제는 행성들의 등각속도점에 대해 알아내는 것, 즉 원일점과 근일점을 잇는 선의 방향을 알아내는 것이 중요했다.

행성의 운행 모델을 세운다는 것은 황도상의 원일점의 위치를 계산하고 이심거리를 구하는 것이었다. 몇 개의 관측값으로부터 이 값들을 구하여 행성마다 적절한 수치가 부여된 이심원, 주전원 등을 그리면 행성의 운행 모델이 만들어진다. 이로부터 특정한 날의 행성의 위치를 예측할 수 있는 천문 운행표를 만드는 것이 천문학자의 임무였고, 프톨레마이오스의 『알마게스트』에는 태양, 달을 포함하여 7개 천체의 모델을 세우기 위한 계산이 끝없이 이어진다. 계산은 한 번으로 끝나지 않고 계산한 수치를 보정하여 다시 계산하는 과정을 거친다.

프톨레마이오스가 계산한 화성

프톨레마이오스가 화성 운행의 모델을 어떻게 만들었는지 살펴보자. 그는 이 과정을 『알마게스트』 X권 7장에 자세히 서술해 놓았다.

화성의 궤도를 알아내기 위해 먼저 구하고자 한 매개변수는 이심거리와 원일점의 황도상의 위치이다. 화성의 궤도는 원이고 원은 세 개의 점으로 결정되므로 화성 관측값 세 개가 필요했다. 프톨레마이오스는 화성이 가장 밝을 때, 즉 지구를 가운데 두고 화성이 태양과 반대편에 있을 때(충(衝)이라고 한다)의 관찰 기록을 이용했다. 그는 130년에서 142년 사이에 아스트롤라베(천체의 높이나 각거리를 재는 기구)를 이용하여 직접 관측했으며 알렉산드리아의 천문학자 테온의 관측 기록을 사용하기도 했다. 그가 사용한 화성의 충이 일어난 날짜와 위치는 다음과 같다. 모든 천체의 위치는 평균 위치(등속으로 움직이지 않는 행성이 등속으로 움직인다고 가정한 위치)이다.

- 첫 번째 충: 하드리아누스 15년, 이집트 달력으로는 첫 번째 페레트 * 26/27일(130년 12월 14/15일) 자정 1시간 후. 쌍둥이자리 21°
- 두 번째 충: 하드리아누스 19년, 이집트 달력으로는 네 번째 페레트 6/7일(135년 2월 21/22일) 자정 3시간 전. 사자자리 28 : 50° **
- 세 번째 충: 안토니누스 2년, 이집트 달력으로 세 번째 셰무 12/13일(139년 5월 27/28일) 자정 2시간 전, 궁수자리 2 : 34°

- 고대 이집트에서는 1년을 3개의 계절로 나누어 나일강이 범람하는 시기는 아케트, 물이 빠져서 농사를 짓는 시기를 페레트, 곡식이 자라고 추수하는 시기를 셰무라고 불렀다.
- 28 ; 50°는 당시 사용한 육십진법 표현으로 (28+$\frac{50}{60}$)°를 말하므로 28° 50′과 같다.

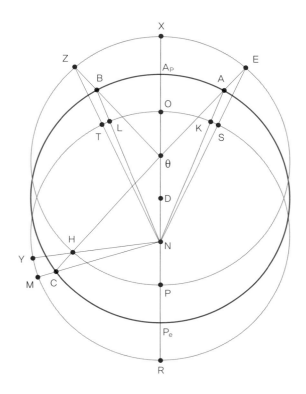

[그림 2-13] 『알마게스트』 X권 7장 그림 10.7. 황도면에 반지름이 같은 세 원이 그려져 있다. N은 황도의 중심(지구), D는 이심, θ는 등각속도점, 세 점 A, B, C는 차례로 화성이 충의 위치에 있을 때의 주전원의 중심이다. P_e는 근일점, A_p는 원일점이다.

[그림 2-13]에서 세 점 A, B, C는 차례로 화성이 충의 위치에 있을 때의 주전원의 중심이다. 지구에서 바라본 세 번의 충 사이에 있는 두 간격에 대해 회전각을 구하고 이를 바탕으로 등각속도점에서 바라본 회전각도 구한다. 황도, 대원, 등각속도점을 중심으로 하는 원 3개로 인해 관측각을 보정하는 계산을 반복하

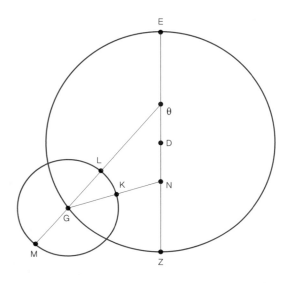

[그림 2-14] 『알마게스트』 X권 7장 그림 10.16. N은 황도 중심(지구), E와 Z은 원일점과 근일점. K는 화성이 세 번째 충에 있을 때의 위치. G는 주전원의 중심. M과 L은 주전원의 원일점과 근일점.

고 이후에 평면도형의 성질과 비례를 이용한 지루하고도 복잡한 계산 과정을 거치면 이심거리 DN은 6(따라서 이심률은 0.1), 근일점의 황도상의 위치는 염소자리 25:30°가 된다. 여기에 180°를 더하면 원일점은 게자리 25:30°에 있다('부록1' 참고).

X권 8장에서는 이것으로부터 주전원의 크기를 결정하고 이후에 화성의 순환 주기에 대한 설명이 이어진다. 다시 말하면, 화성의 황도 위의 원일점의 위치, 이심거리를 구하여 화성 운행의 모델을 세워 화성의 위치를 구할 수 있게 되었다.

프톨레마이오스는 간단한 계산을 더하여 화성이 세 번째 충의 위치에 있던 시간에 화성의 주전원의 중심 G는 이심원의 원일점 E로부터 135;39°, 화성 K는 주전원의 원일점 M으로부터 171;25°에 있음을 밝혔다. 즉, [그림 2-14]에서 $\angle G\theta E = 135;39°$, $\angle MGK = 171;25°$이다.

프톨레마이오스 체계의 완성

기원전 5세기의 양파 껍질 같은 동심 천구 체계는 100여 년씩 흐르면서 주전원, 이심원이 도입되어 사람들이 인식한 우주의 모습에 변화가 왔다. 주전원은 기본적으로는 행성들이 때때로 역행하는 문제와 지구와의 거리가 가까워졌다가 멀어지는 문제도 해결했다. 그렇지만 천체들이 관측되는 위치는 계산한 것과 달랐다. 행성이 나타나야 할 위치에 나타나지 않고, 나타나야 할 때 나타나지 않는 일들이 벌어졌다. 이심원을 도입하여 관측 결과와 맞추어놓으면 관측 결과가 또 쌓이면서 어긋났다. 이심의 위치를 바꾸고 주전원의 속력을 변화시키고 주전원 위에 또 주전원을 얹었다. 이심원의 중심을 작은 대원 위에 놓기도 하고 이심원의 중심을 더 작은 다른 이심원 위에 놓기도 했다. 관측 결과와 계산 결과를 맞출 수만 있다면, 원들은 어떻게 배치되어도 좋았을 것이다. 행성들이 하늘에 나타나는 위치와 시기를 정확하게 계산하기 위해서 우주에는 점점 원들이 늘어나고 원들의 속력도 변하며 우주는 누더기가 되어가고 있었다.

이심원과 주전원이 들어서면서 우주의 모습은 어떻게 되었을까? 여전히 천구는 있다. 아니 천구가 늘어났다. 플라톤 당시에는 8개의 동심 천구가 겹겹이 있었다. 7개의 행성 천구와 가장 바깥에 있는 항성 천구. 그런데 이제는 이심원과 주전원이 들어설 자리가 필요해졌다. 행성마다 지구를 중심으로 하는 동심 천구가 두 개씩 있다. 두 개의 동심 천구 사이에 이심 천구가 두 개 있고 그 사이를 주전원이 회전한다. 화성을 예로 들어보자. 지구를 중심으로 하는 동심 천구가 두 개 있고 그 사이에 이심 천구가 두 개 있고 이심 천구 사이를 주전원이 회전하며 화성은 그 주전원 위에서 운행한다. 바깥쪽 동심 천구가 도는 힘은 목성의 안쪽 동심 천구로부터 전달받으며 차례로 바깥쪽 이심 천구, 주전원, 안쪽 이심 천구로 전달된 후 태양의 바깥 동심 천구로 전달된다. 이렇게 항성 천구에서 출발한 천구를 돌리는 힘은 천구를 따라 차례차례 전달되어 지구에까지 이른다. 이렇게 빈틈없이 짜 맞추어졌기 때문에 우주의 크기를 계산할 수 있게 되었다. 바깥쪽 천구의 지름은 그다음 천구의 안쪽 천구의 지름과 같아야 했다. 천구의 크기, 주전원의 크기를 차례로 계산한 프톨레마이오스의 계산에 따르면 토성 천구의 지름은 지구 반지름의 20,110배로 지금 알고 있는 것에 비하면 매우 작다. 바로 아리스토텔레스–프톨레마이오스의 우주 체계이다.

✸
헬레니즘 시대의
하늘

◗　　　　기원전 4세기, 알렉산드로스는 동방으로 진출하며 자신의 이름을 딴 '알렉산드리아'라는 이름의 도시를 수십개 건설한다. 알렉산드로스가 동방으로 진출한 길은 상인들이 오가는 교통로가 되었다. 그렇게 동쪽과 서쪽이 오가며 상업과 무역이 발달하고 문화도 섞이게 되었다. 이로 인해 그리스 문화와 동양 문화가 서로 영향을 주고받으며 고대 그리스 문화가 밑바탕에 깔린, 그러나 결이 다른 헬레니즘 문화를 만들어냈다. 헬레니즘 문화의 중심지는 알렉산드로스의 계승자 중 한 명인 프톨레마이오스 왕조가 수도로 삼은, 지중해 남동쪽 이집트의 알렉산드리아였다. 그곳을 중심으로 메소포타미아, 소아시아는 물론 인더스강 유역까지, 기원전 334년 알렉산드로스의 동방 원정 때부터 기원전 30년 아우구스투스가 이집트를 병합하며 로마제국을 건설하기까지 약 300년간 헬레니즘 문화가 꽃을 피웠다.

헬레니즘의 중심지 알렉산드리아

이집트의 알렉산드리아에는 아라비아, 인도를 비롯한 아시아의 여러 나라와 남부 유럽, 북부 아프리카 등 여러 지역에서 상업에 종사하는 사람들과 용병들뿐만 아니라 학자들도 몰려들었다. 알렉산드로스가 세웠다는 일종의 국립 학술원인 무세이온(학예의 신 뮤즈의 신전. '뮤지엄'이라는 말의 어원이 되었다)은 플라톤의 아카데미아, 아리스토텔레스의 리케이온을 본떠 만들었지만 그 규모나 영향력에서는 비할 바가 아니었다. 식물원, 동물원, 천문대도 있었고 도서관도 있었다. 많을 때는 100명이 넘는 학자들이 머무른, 현대적 의미의 대학이기도 했다. 기원전 300년경 기하학을 집대성한『원론』을 쓴 유클리드, 태양중심설을 제창하고 태양과 달까지의 거리의 비와 그 크기를 계산한 아리스타르코스, 그리고 조금 지나서 아폴로니오스까지 모두 알렉산드리아의 도서관을 중심으로 활동한 학자들이다. 도서관에는 약 50만 권에 이르는 두루마리 책이 있었다고 추측하는데, 그 책을 모으는 과정이 상당히 전투적이다.[7]

　도서관 건축 때는 엄청난 비용이나 수고가 아낌없이 투입됐다. 이집트의 사치스러운 부는 왕들과 그들의 학자들에게 어떤 한계도 긋지 않았다. 아마도 대부분의 책은 왕의 대리인들에 의해 아테네, 로도스 혹은 에페수스의 대형 책 시장에서

구매되었을 것이다. 서점이 내줄 수 있는 것은 주문 형식으로 예약했고, 서점이 제공할 수 없는 것은 다른 경로로 구하거나 베꼈다. 예를 들어 4세기 말의 주교인 에피파니우스는 보고하길, 프톨레마이오스 1세가 지구 위의 모든 왕과 통치자들에게 편지를 써서 "모든 저자들, 즉 시인과 산문 작가, 수사학자와 소피스트, 의사와 예언가, 역사학자와 기타 다른 모든 저자들의 작품을 그에게 보내줄 것"을 요청했다고 한다. 2세기의 의사이자 의학 전문 저술가인 갈레노스에 따르면 프톨레마이오스 3세는 항구에 들어오는 모든 배를 수색하고 이때 발견된 책들을 압류하여 그것을 베낀 뒤 주인에게는 원본 대신 복사본을 주도록 명했다고 한다.

프톨레마이오스도 이곳에서 『알마게스트』에서 다룬 메톤, 티모카리스, 히파르코스, 아리스타르코스 등과 같은 이전 학자들의 자료를 보았을 것이다. 그뿐만 아니라 아주 오래된 바빌로니아 기록에도 접근할 수 있었을 것이다. 프톨레마이오스는 자신이 사용한 관측값 또는 이론의 출처를 인용하며 앞서간 학자들을 인정했다. 이전 시대 거인들의 자료를 모아놓은 위대한 도서관 덕분이기도 하다.

프톨레마이오스의 삶에 대해서는 알려진 것이 별로 없다. 다만 『알마게스트』에서 사용한 관측 기록의 $\frac{1}{3}$ 정도는 알렉산드리아에서 직접 관측한 것이라는 사실로부터 그가 살았던 시기를 유추할 수 있다. 처음으로 관측한 것은 하드리아누스 통치

9년(125년)에 관측한 한 달 동안의 일식이었고, 마지막으로 관측한 것은 안토니누스피우스 통치 4년(141년)에 수성의 최대이각을 관측한 것이다. 125년부터 141년 사이에 관측하고 이후에 『알마게스트』와 다른 저서들을 집필했는데, 『알마게스트』를 완성한 이후에도 매개변수를 개선하기 위한 작업을 계속해서 기록으로 남겼다.[8]

프톨레마이오스는 천문학이나 점성학 외에도 지리학 등 여러 분야에 업적을 남겼는데, 플루타르코스나 디오게네스 라에르티오스와 같은 당시의 전기 작가들이 그들이 쓴 책에서 프톨레마이오스를 위대한 그리스인의 목록에 올리지 않은 이유는 무엇일까? 프톨레마이오스와 아르키메데스는 고대 그리스에서 형성된 자연철학의 큰 흐름에서 벗어나 있는 사람들이다. 자연철학의 큰 흐름은 '설명적'이었다. 플라톤은 『티마이오스』에서 우주의 원리를 설명하고 4원소와 우주를 설명하면서도 천체를 직접 관측할 필요는 없다는 말을 남겼고 수학을 직접 연구하지도 않았다. 아리스토텔레스의 영향으로 완성된 고대 그리스의 자연철학은 물체가 떨어지는 것은 모든 물체에 지구의 중심을 향하는 본성이 있기 때문이라고 해석했다. 이런 설명적인 흐름에 예외적으로 수치를 통해서 자연 현상을 설명한, 자연철학보다 하급으로 여긴 양을 다루는 학문을 한 사람이 바로 프톨레마이오스와 아르키메데스였다. 프톨레마이오스 개인의 삶에 대한 기록이 남아 있지 않은 것은 아르키메데스와 같이 극적인 인생*을 살지 않았기 때문일까? 아니면, 서구인이 아니라는 태생 때문일까?

프톨레마이오스가 죽은 후, 기록에 남아 있는 첫 반응은 4세기경에 알렉산드리아의 파푸스가 『알마게스트』에 대해 쓴 주석이다. 파푸스보다 조금 늦게 알렉산드리아의 테온도 새로운 주석을 발표했다. 테온의 딸이 헬레니즘 시대에 여성 학자로 이름을 남긴, 기독교 광신도들에게 살해당한 히파티아이다. 히파티아도 『알마게스트』에 대하여, 적어도 III권에 대하여 주석을 쓴 것으로 여겨진다. 프톨레마이오스는 태양이 하루에 지구를 도는 각도를 계산할 때 긴 나눗셈을 했는데, 히파티아는 이런 천문학 계산에서 필요한 긴 나눗셈 알고리즘을 개선하고 표를 이용하여 상세하게 설명했다.

395년 로마 제국이 동서로 나뉘고 476년 서로마 제국이 멸망했다. 신플라톤주의자 프로클로스는 알렉산드리아에 머물면서 학문을 이어나갔고 히파르코스와 프톨레마이오스의 천문학을 소개하는 책을 썼다. 이것이 프톨레마이오스의 천문학에 대한, 헬레니즘 시대의 마지막 문헌이다. 642년 이슬람 제국이 이집트를 정복했을 때, 알렉산드리아는 쇠퇴했고 그 유명한 도서관은 이미 불타 없어졌지만 개인 도서관들은 남아 있었고 학술 활동도 미미하게나마 유지되고 있었다.[9]

- 포에니 전쟁에서 시라쿠사는 카르타고와 동맹을 맺고 로마 제국과 싸웠다. 아르키메데스는 다양한 무기를 만들어 시라쿠사가 로마 제국에 맞설 수 있게 했다. 시라쿠사가 전쟁에 져 멸망했을 때 로마 제국의 장군이 아르키메데스를 살려두라고 했음에도 불구하고 아르키메데스는 "내 도형을 밟지 말라."라는 말을 남기고 로마 병정에게 죽임을 당했다는 이야기가 유명하다.

이집트의 알렉산드리아에서 페르시아의 준디샤푸르로

기원전 27년 고대 로마가 로마 제국으로 변신한 후 4세기까지의 초기 로마 제국은 그리스 신화를 이어받은 다신교 사회였다. 313년 기독교를 공인하고 380년 국교로 선포하면서 기독교의 유일신 이외에는 이단으로 몰려 다신교에 기반한 사회의 다양성은 서서히 붕괴되기 시작했다. 기독교를 믿지 않는 사람들은 주로 페르시아 사산 제국으로 이주하여 헬레니즘 과학을 계속 발달시키는 역할을 하게 되었다. 기독교의 공식 교리를 정립하는 과정에서 종파 간의 극심한 논쟁으로 동로마 제국, 즉 비잔틴 제국으로부터 이단으로 낙인찍힌 기독교도들도 사산 제국으로 이주했다. 그중 5세기 무렵 파문당한 시리아 출신의 기독교도 네스토리우스가 주목할 만하다. 네스토리우스는 아라비아로, 이집트로 쫓겨 다니다가 현재 터키 지역인 에데사에서 학파를 이루었다. 비잔틴 제국에 의해 에데사 학원조차 폐쇄되자 연구물들을 가지고 페르시아 사산 제국의 준디샤푸르로 와서 합류했다.

준디샤푸르는 사산 제국의 샤푸르 1세가 로마 제국과의 전쟁에서 승리한 기념으로 271년에 이란 남서부에 세운 도시이다. 이후 준디샤푸르에는 대학, 도서관 등이 지어지면서 알렉산드리아 못지않은 학문의 도시가 되었다. 비잔틴 제국의 황제 유스티니아누스 1세가 529년에 플라톤의 아카데미아 등 몇백 년을 이어오던 학교들을 폐쇄해버리자 이들도 준디샤푸르로 왔다. 그리스와 인도 등 주변 지역으로부터도 의사들과 학자들이 몰려들어 준디샤푸르는 국제적인 도시로 성장했다. 비록 652년에 사산 제국이 이슬람 제국에 정복당했지만 9세기 이슬람의 황금기가 올 때까지 준디샤푸르의 명성이 유지될 정도였다.[10]

준디샤푸르에 모인 네스토리우스파와 신플라톤주의 학자들은 사산 제국의 후원을 받으며 연구를 했다. 특히 그들은 그리스어, 시리아어, 페르시아어 등 여러 언어에 능통하여 그리스어로 된 수학, 의학, 철학 등의 문헌을 시리아어, 페르시아어로 번역하여 이것들이 동방으로 전파되는 데 중심 역할을 했다.

여기서 잠깐 당시 사람들이 사용한 언어를 살펴보자. 로마 제국의 공식 언어는 라틴어였지만 그리스어도 계속 널리 쓰였다. 서로마 제국이 멸망한 후 학문적으로 지리멸렬한 시기를 보내던 유럽에서는 라틴어가 교회의 지배적인 언어가 되어 중세가 끝나갈 무렵에는 그리스어를 아는 사람이 거의 없게 된다. 그러나 아테네, 페르시아 등 헬레니즘 영향을 받은 다른 지역에서는 알렉산드로스 이후 그리스어를 많이 사용하고 있었고 특히 지식인들에게 학술 언어는 라틴어가 아니라 그리스어였다. 라틴 색채가 점점 옅어져간 비잔틴 제국에서도 라틴어보다는 그리스어가 더 널리 사용되었다. 고대 그리스, 헬레니즘 시대의 유산은 그리스어, 페르시아어, 시리아어 등의 언어로 전해지고 있었다. 그리고 이제 아랍어의 시대가 오고 있었다.

3

지워진
1,000년

이슬람 시대에
활짝 피어난 학문

아라비아반도는 대부분 사막이다. 아라비아인들은 부족별로 유목 생활을 하거나 오아시스에서 농사를 지으며 살았다. 이 황량한 사막에 변화의 바람이 분 것은 6세기, 동쪽의 사산 왕조와 서쪽의 비잔틴 제국이 또다시 전쟁을 시작한 때이다. 이 전쟁으로 비단길을 이용할 수 없게 되자 지중해에서 홍해를 거쳐 인도양으로 나가는 바닷길이 대안으로 떠올랐다. 홍해 연안에 있는 메카에서 아라비아반도를 횡단하여 인도양으로 나가는 길도 교역로로 사용되면서 아라비아인들도 동서 무역에 뛰어들게 되었다. 메카가 무역로의 중심 도시로 떠올랐다. 부족들은 교역로를 차지하기 위해, 부를 독차지하기 위해 경쟁하고 전쟁을 벌였다. 유목 사회의 관습은 힘을 잃고 공동체는 무너져갔다. 이때 무함마드가 새로운 가르침을 들고 나타났다.

무함마드는 610년 이슬람교를 창시하고, 혼란스러운 사회를 이슬람교에 기반을 둔 새로운 공동체로 만들어나가기 위해 나라를 건설했다. 유목 생활을 하던 부족들이 상인으로, 제국의 신민으로 빠르게 변해갔다.

이슬람 문명은 급격히 팽창하여 동쪽으로는 인도, 서쪽으로는 스페인, 남쪽으로는 북아프리카, 북쪽으로는 중앙아시아까지 그 세력을 넓혔다. 이슬람 제국의 첫째 왕조인 우마이야 왕조(661~750년)는 불과 몇십 년 만에 세 대륙에 걸쳐 제국을 건설했다. 우마이야 왕조에 반대하는 아랍인과 페르시아인이 아바스 가문을 중심으로 연합하여 세운 아바스 왕조(750~1258년)는 아라비아반도를 중심으로 넓은 지역을 차지했다. 아바스 왕조에 쫓긴 우마이야 왕조의 후예는 안달루스(이베리아반도에서 당시 이슬람 제국이 지배하는 지역을 이르는 말. 현재의 안달루시아보다 훨씬 넓다.)에 후(後)우마이야 왕조(756~1031년)를 건설하여 1492년 이슬람 제국이 물러나게 될 때까지 이베리아반도가 이슬람 세계 안에 있게 했다. 파티마 왕조(909~1171년), 맘루크 왕조(1250~1517년)는 북아프리카에 자리 잡았고 이후 중세를 넘어 근대에 이르기까지 많은 왕조들이 이슬람 제국을 이어나갔다.

이슬람교의 경전인 쿠란은 번역하지 않고 반드시 아랍어로 읽어야 했으므로 아랍어는 광대한 이슬람 제국의 공용어가 되었다. 이슬람 제국은 정복한 지역의 문화를 파괴하지 않았다. 이슬람법에 따라 종교의 자유가 보장되었고 이슬람교도가 아닌 경우에는 세금을 더 냈을 뿐 사회적 차별을 받지 않았다. 아랍의 전통문화를 기반으로 그리스, 페르시아, 인도 등 주변 문화를 흡수

[그림 3-1] 초기 이슬람 제국의 영토

해 독창적인 이슬람 문화를 발전시켰다. 그 시작은 번역이었다.

인도에서 온 수학과 천문학

산스크리트어로 된 인도의 천문학 서적과 수학 서적이 아랍어로 처음 번역된 것은 아바스 왕조의 2대 칼리프인 알 만수르의 주도 아래 이루어진 일이다. 이 일은 771년 무렵에 인도의 신드에서 바그다드의 알 만수르 궁전으로 사절이 오면서부터 시작되었다. 이 사절단의 일원이 인도 천문학자인 브라마굽타의 『부라마스푸타시단타(브라마가 개정한 이론, 이하 '시단타')』를 포함해서 산스크리트 천문학 문헌을 한 묶음 가져왔으며, 알 파자리가 이것을 아랍어로 번역하여 『지즈 알 신드힌드(인도에서 온 위대한 천문표)』라는 제목으로 출간했다. 이 책에서 알 파자리는 인도어,

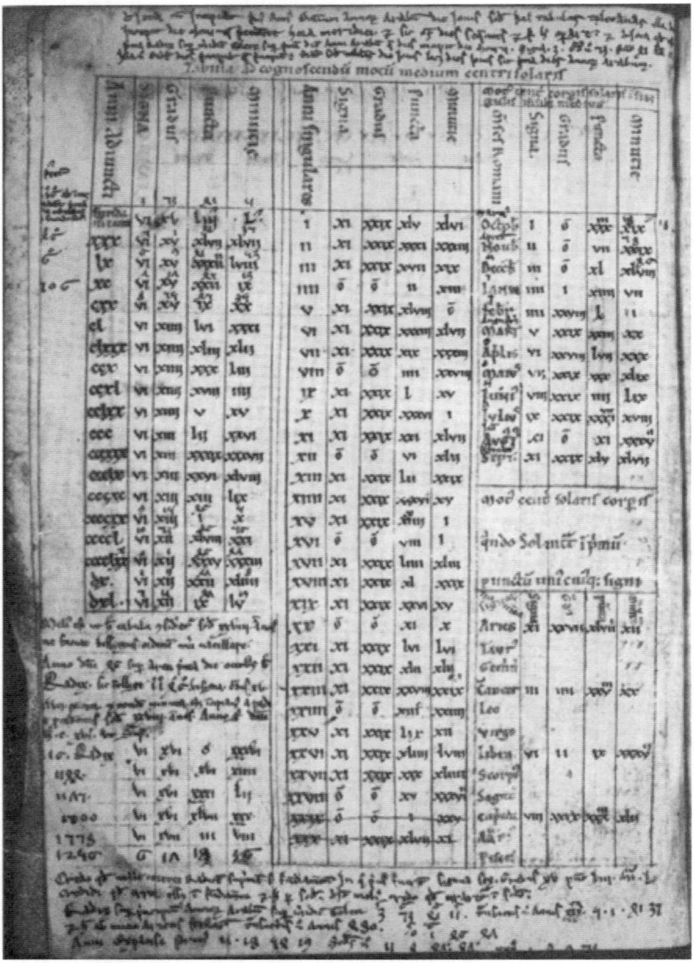

[그림 3-2] 『지즈 알 신드힌드』, Corpus Christi College MS 283.

페르시아어, 그리스어 자료들에 나온 자료들을 섞어 천문학적 계산을 위한 규칙과 표를 만들어냈다고 한다.[1] 알 콰리즈미는 825년경 칼리프 알 마문의 지시로 『시단타』 요약본과 함께 천문표 『지즈 알 신드힌드』를 펴냈다. 이 천문표는 현존하는 가장 오래된 이슬람 지즈*이다. 10세기에 이 지즈의 개정판이 배스의 아델라드에 의해 라틴어로 번역되어 유럽에 전해졌다. 이 지즈는 태양, 달, 행성의 실제 위치 계산, 사인과 탄젠트 표, 구면천문학, 점성술 표, 시차와 일식 계산, 달의 모양 등을 계산하는 천문학 이론을 바탕을 둔 달력을 포함한다. 『시단타』는 모든 계산에서 사인함수를 사용했는데, 아랍인들은 여기에 코사인, 탄젠트 등 5개의 삼각함수를 더 만들어 사용했다. 고대 그리스에서는 각에 대한 현의 길이를 정리한 표를 사용했고 인도에서는 사인함수만 있었는데, 이를 오늘날 사용하고 있는 것과 같은 삼각함수로 발전시켜 기하적으로만 다루던 것을 계산으로 바꾸어 근대 수리 천문학이 펼쳐질 수 있는 기초를 만든 사람들이 이슬람 학자들이다. 지즈를 만든 많은 학자들의 위대한 업적 중 하나는 삼각함수 표를 만든 것이다. 가장 인상적인 것은 사마르칸트에 자리 잡은 티무르 제국의 울루그 베그 지즈에 포함되어 있다. 사인, 탄젠트 값이 있으며, 이 값 중 일부는 호 1분당 육십진법으로 소수 5번째 자리까지 정확하다. 이것은 5,000개 이상의 수치를 계산해야 하는 진정한 거대한 작업이었다.

• 지즈는 태양, 달, 행성, 항성의 위치를 계산하는 데 사용되는 매개변수를 표로 정리한 이슬람 천문서를 말한다.

이슬람의 천문학이 인도의 천문학의 영향을 강하게 받은 것처럼, 인도 숫자도 『시단타』와 같은 천문학 문헌을 통해 이슬람 세계로 전해졌을 것으로 본다. 이런 천문학 문헌들을 번역하고 해독하면서 인도 숫자의 편리성에 눈을 뜨게 되었고, 수십 년 후에 알 콰리즈미는 『인도 수학 계산법』이라는 책으로 0을 포함한 인도의 위치적 기수법을 소개했는데 이 책은 라틴어로 번역되었다. 알 콰리즈미의 이름은 라틴어로 알고리즘이라고 음사되어 '알고리즘'이라는 말의 기원이 되었다.

종이에 실어 나르는 지식

『아라비안나이트』의 등장인물로도 유명한 5대 칼리프 하룬 알라시드 때에는 번역 사업이 더 활발해진다.

첫 번째 요인은 아랍화된 과학자들로 이루어진 공동체가 나타났다는 것이다. 〈중략〉 이 공동체의 대표적 인물로는 9세기의 유명한 철학자이자 수학자인 알 킨디와, 물리학과 수학 개론서들의 희귀 사본을 구하고 번역하는 데 엄청난 돈을 쓴 바누 무사 삼 형제를 들 수 있다. 두 번째 요인은 종이의 출현이라는 기술적 사건이다. 〈중략〉 그전까지는 아무나 사기 힘든 파피루스와 양피지밖에 없던 사회에서 종이의 출현은 그야말로 '혁명'이었다. 〈중략〉 세 번째 요인은 도서관이 증가한 것으

[그림 3-3] 알 마문이 비잔틴 황제 테오필로스에게 특사를 보내는 그림. 저자 모름, 『시 놉시스 히스토리아룸(Synopsis historiarum)』, 13세기, p.160, 스페인 국립도서관.

로 두 번째 요인과도 관계가 있다. 알려진 바에 따르면 우마이 야 왕조 때부터 칼리프들은 자신의 도서관을 세우기 시작했 다. 이 전통은 아바스 왕조 때도 유지되었는데, 특히 칼리프 하룬 알 라시드와 그 아들 알 마문은 도서관을 중심으로 하 는 연구 기관 바이트 알히크마(지혜의 집)를 세우고 적극적으 로 후원했다.[2]

고대 그리스의 학자들은 개인적으로 연구한 반면, 페르시아 제국이나 이슬람 제국은 중앙 집권적이어서 학자들은 제국의 후원을 받으며 연구했다. 더구나 아바스 왕조에서는 학자 공동 체에서 공동으로 연구하고 함께 연구물을 검토하고 수정하는 모임이 자리 잡았다. 10세기의 이슬람 학자 아부 알 와파는 『장 인에게 필요한 기하학적 작도에 대하여』라는 책에 학자들뿐만 아니라 건축·공예를 하는 장인들과의 정기적인 모임도 진행하여 아라베스크와 같은 기하학적인 문양을 학문적으로 뒷받침했음을 밝혔다.[3]

문자를 기록할 수 있는 종이는 이미 105년경에 중국에서 제작되었다. 이 제지법이 이슬람 세계에 알려지게 된 것은 751년에 일어난 탈라스 전투 때이다. 탈라스 전투는 중앙아시아의 패권을 두고 아바스 왕조와 티베트 연합군이 지금의 카자흐스탄 영토인 탈라스강 유역에서 당나라와 벌인 전투이다. 고구려 출신인 당나라 장군 고선지가 패배한 전투이기도 하다. 이 전투에서 잡혀 온 포로 중에 종이를 만드는 기술을 알고 있는 기술자가 있었다. 사마르칸트와 바그다드에 이어 여기저기 제지 공장이 들어서면서 지식이 대중화되기 쉬운 조건이 만들어진 것이다. 비싼 양피지, 무거운 대나무 껍질에 비해 종이는 가볍고 싼, 지식을 나르는 아주 훌륭한 재료가 되어주었다. 제지법은 이후 12세기가 되어서야 서양으로 전해진다.

흔히 '지혜의 집'이라고 부르는 바그다드에 있었던 '바이트 알히크마'는 번역과 연구의 전문 학술 기관이라고 한다. 전해지는 자료가 별로 없어 지혜의 집이 어느 정도 규모였는지, 도서관이었는지 학술 기관이었는지 단언하기는 어렵다. 다만, 바이트 알히크마라는 말이 페르시아어로 '도서관'이라는 뜻이므로, 그곳이 페르시아 사산 왕조 시절의 제도를 이어받은 학문 기관임에는 틀림없다. 지혜의 집의 관장도 3대까지는 네스토리우스파 학자였으며[4] 여기에서 국가 주도로 번역 사업이 이루어지고 많은 학자들이 국가의 지원을 받으며 공동으로 연구하여 이슬람 문명의 발달에 큰 역할을 했던 것은 틀림없다.

지혜의 집에서는 페르시아어로 된 문헌뿐만 아니라 시리아어, 산스크리트어, 그리고 그리스어로 쓰인 문헌들까지 아랍어로 번역되었다. 번역은 여러 명이 함께 했다. 그리스어에서 시리아어로 번역되었다가 다시 아랍어로 번역되기도 했다. 번역가들은 번역문을 확인하고 다시 점검했고 필경사들은 이를 책으로 기록했다. 지혜의 집에서 활동하던 학자들 중 후나인 이븐 이스하크는 천재적인 번역가로 전해진다. 타비트 이븐 쿠라, 이스하크 이븐 후나인(후나인의 아들, 『원론』, 『알마게스트』 등을 번역했다) 등 여러 명의 학자들과 같이 일했는데, 그가 번역한 것은 수정이 필요 없을 정도로 정확했다고 한다. 그 이유는 아마도 그의 번역 기법 때문일 것이다. 당시까지는 단어를 단어로 번역하는 풍조가 있었는데, 후나인은 문장의 의미를 아랍어로 다시 쓰는 방법으로 번역했다. 또, 주제와 관련된 책을 수집하여 주제의 의미를 완성하여 번역문을 수정하기도 했다. 이런 번역 기법은 다음 세대의 번역가들의 기준이 되었다. 그래서인지 알 마문은 그가 번역해온 책의 무게만큼 금을 주었다고 한다.[5]

여기서 잠깐 돌아볼 것은 번역은 단순 번역이 아니었다는 점이다. 번역은 왕이나 부유한 가문의 후원을 받아 이루어졌으니 후원자의 이해를 돕기 위해, 단지 원문만 번역한 것이 아니라 상당한 양의 주석을 달았다. 당연히 번역 작업에는 해당 분야의 전문가만이 참가할 수 있었다. 후나인 이븐 이스하크는 준디샤푸르 출신의 의사였는데, 주제와 관련된 책을 모두 찾아 번역하는 그의 번역 방식 덕분에 약 100년 만에 그리스의 의학 서적이 모두 다 번역되었다고 한다.

위대한 문명의 기록들은 아랍어로 번역되어 이슬람 세계에 널리 퍼졌다. 쿠란도 아랍어로 읽었고 지식도 아랍어로 퍼졌다. 동으로 서로, 북으로 남으로, 이슬람 세계 어디를 가도 아랍어로 통할 수 있었다. 아랍어가 국제어가 되었다. 왕족과 상인, 과학자 등 개인들도 도서관을 짓기 시작했고, 이러한 현상은 종이의 보급으로 책의 사본을 쉽게 구할 수 있게 되면서 가속화된다.

이슬람교를 떠받치는 천문학

천문학은 두 가지 이유로 이슬람인에게 중요했다. 첫째, 이슬람인들은 메카를 향해 절을 하면서 기도를 해야 한다. 정복하는 곳마다 사원을 짓고 메카를 향한 방향의 예배실 벽에는 오목하게 장식을 했다. 이를 '미흐랍'이라고 부르는데, 이슬람 영토가 확장되자 경험을 토대로 방향을 찾는 것이 어려워졌다. 남쪽도 메카 방향이 아니었다. 전통적인 순례길이 나 있는 방향이 더는 메카 방향이 아니었다. 겨울철에 해 뜨는 방향이나 밝은 별들의 위치에 의존해서 메카 방향을 찾는 정도로 만족할 수 없었다. 메카 방향을 정확하게 찾는 요구가 늘어나자 학자들의 연구가 쏟아져 나왔다. 10세기에 알 하이삼이 쓴 『계산으로 키블라의 방향을 찾는 법』은 신자들이 키블라, 즉 '메카 방향'을 찾을 수 있는 수학적 방법을 제시한 책이다. 두 지점에서 월식을 동시에 관찰하여 두 지점의 경도 차이를 결정하는 방법도 널리 쓰였다. 알 비루니는 1025년에 작업을 마친 『도시들의 좌표 결정』에서 당시 가즈니 왕조의 수도였던 가즈니에서 메카 방향을 찾는 방법을 다루었다. 알 비루니는 지구의 반지름의 길이와 일 년의 길이도 계산했다. 지구의 크기를 계산한 방법은 지금의 용어로 하면 직각삼각형에서 삼각비를 이용한 것이다. 지금의 파키스탄 지역에 살았던 알 비루니는 산꼭대기와 지구의 중심을 이은 선, 산꼭대기에서 땅에 그은 접선으로 만들어지는 직각삼각형의 변의 길이와 각을 측량 기구로 재어 지구의 반지름의 길이를 6,339.6km로 정밀하게 계산해냈다(현재 알려진 지구의 적도 반지름은 6,378km이며 극 반지름은 6,357km이다).

알 콰리즈미, 알 비루니와 같은 학자들에게 점점 넓어지는 이슬람 제국의 영토는 지도 제작술과 항해술 연구의 동력이 되었다. 아스트롤라베 같은 휴대용 과학 도구도 빠르게 개선되었다. 둥근 땅과 둥근 하늘을 다루기 위한 구면삼각법, 천문학이 아랍어로 소통되며 발달해나갔다.

둘째, 이슬람인들은 메카를 향하여 하루에 다섯 번 절을 한다. 사원에서 이 기도 시간을 알리는 역할은 '무에진'이라고 부르는 시간계측원이 했다. '미나렛'이라고 부르는 첨탑에 올라 창을 통해 큰 소리로 기도 시간을 알리기 위해서는 시간을 정확하게 계산할 수 있어야 했다. 또한, 해가 떠 있는 동안 금식해야 하는 달인 라마단의 첫날을 결정하는 것도 매우 중요한 일이었다. 이슬람 달력은 태음력이고 하루는 일몰에 시작되고, 매달은 서쪽 하늘에 초승달이 처음 나타나는 것으로 시작된다. 비가 오든 날씨가 흐리든 라마단이 시작되는 첫날을 결정하기 위해 달과 태양의 궤도에 대한 매우 정확한 지식이 필요했다. 무에진들은 기도 시간을 계산하여 알려줄 뿐만 아니라 천문학 기구들을 설치하고 구면천문학에 관한 글도 쓰고 학생들을 가르치기도 했다. 1년 동안 하루하루의 기도 시간을 기록한 연감을 제작하고 발행하기도 했다. 무에진들 중에는 천문학자들도 있었던 것이다. 14세기에 코페르니쿠스와 거의 비슷한 우주 체계를 수립했던 알 샤티르도 다마스쿠스의 우마이야 사원에서 무에진으로 일했다.

이슬람 천문학자들은 행성의 위치, 달이 보이는 기간 또는 일식·월식의 날짜를 계산하기 위해 천문표를 포함하는 소책자를 만들었다. 이것을 '지즈'라고 부른다. 많은 지즈들이 수백 페이지에 달하는데 대규모 세트의 천문표와 이를 설명하는 글들로 이루어진다. 본문은 표를 사용하는 간단한 방법부터 표의 기초가 되는 천문학적 모델의 상세한 논의, 이론에 사용된 매개변수, 매개변수를 도출하는 데 사용된 관측값까지 다양하다.

세계 도서관 곳곳에 흩어져 있는 미발표 아라비아 천문 원고 뭉치 가운데 많은 것이 분실되거나 확인되지 않은 채 남아 있지만, 200여 개의 지즈가 편찬된 것으로 알려져 있다. 그중에는 다른 학자가 만든 것에서 매개변수만 수정하여 새로 만든 것도 있다. 대부분의 지즈는 태양과 달과 행성의 경도, 달과 행성의 위도, 일식과 월식, 달과 행성이 보이는 위치와 기간, 그리고 메카 방향을 계산하기 위한 표를 포함하고 있다.

점성술인가 천문학인가

아주 오래전부터 사람들은 하늘의 천체들이 땅 위의 모든 것에 영향을 미친다고 생각했다. 인간의 본성을 통해 우주의 본성을 인식할 수 있다고 생각하고, 인간과 우주를 대비시켜 고찰해왔다. 이른바 대우주·소우주 사상으로 소우주인 인간은 대우주를 통해서만, 또한 대우주는 소우주를 통해서만 인식될 수 있다고 보았다. "하늘과 인간은 공감에 의해 소통하고, 행성의 운동이 인간사에 우여곡절로 전달되"고 "한 사람이 화성과 경합자라거나 토성과 밀접한 관계를 맺고 있다는 표시는 그의 몸이나 얼굴의 주름살에서 찾아볼" 수 있고 "행성의 영향력은 인간의 이마에 표시"[6]된다고, 행성의 힘은 인간의 내분비선에 작용하여 인간의 체질, 성격에 영향을 준다고 생각했다. 또, 태양과 별은 계절과 기후와 식량을 다스리고 달은 조수 간만과 여러 동물의 생활주기와 인간의 월경 주기를 다스린다고 생각했다.

세계는 내밀한 비밀을 한 꺼풀 아래 감춘 채 숨죽이고 있다. 지상의 것들의 비밀스러운 속성을 알아내기 위해서는 별의 밝기, 위치, 거리, 별들 사이의 상대적인 위치 등 별들을 관측하는 일이 중요했다. 천체의 영향이 지상에 어떻게 미치는지 알기 위해서 태양과 별, 달, 행성의 운행을 연구하는 것은 아주 당연한 일이었다.

그런 의미에서 점성술 분야에서 가장 권위를 인정받았던 책인『테트라비블로스』[7]의 저자가 바로 천문학자인 프톨레마이오스인 것은 놀라운 일이 아니다. '테트라비블로스'는 '네 권의 책'이라는 뜻인데, I권은 점성술의 원리와 기법, II권은 지역과 민족의 특징, 전쟁과 전염병 등 세속적인 사건을 다루는 점성술, III권은 유전적 요인에 의한 개인 천궁도, IV권은 외적 요인에 의한 개인 천궁도를 다루었다. 프톨레마이오스는 서문에서 천문학적인 예언을 위한 예비 연구는 두 가지로 구성된다고 했다. 하나는 천체들의 순서에 관한 연구이다. 이는 태양, 달, 별의 형상과 배치에 대한 지식, 그리고 각각의 천체와 지구의 상대적 배치에 대한 지식으로 이끈다. 다른 하나는 각 천체의 특정한 힘에 관한 연구이다. 천체의 자연적인 성질에 의해 그들의 상대적 배치가 그 영향을 받는 대상, 즉 인간에게 만들어내는 변화를 고려한다. 이러한 두 가지가 어우러져 천문학적인 예언을 할 수 있는 기반이 된다.

프톨레마이오스 당시는 물론 그 이후로도 오랫동안 우주는 천상계와 지상계로 둘로 나뉘어 있었다. 천상계는 무게가 없어서 지상으로 떨어지지 않는 '에테르'라는 물질로 채워져 있었고 지상계는 불, 공기, 물, 흙의 네 가지 원소로 이루어져 있었다. 천상계가 지상계에 영향을 미치는 것은 천상의 물질이 지상으로

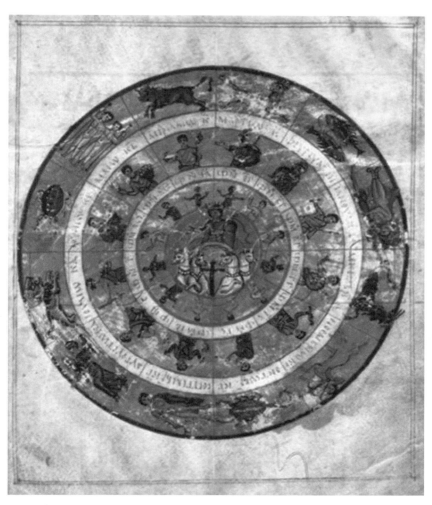

[그림 3-4] 『테트라비블로스』의 9세기 그리스 원고 그림. 황도 12궁과 전차를 탄 아폴로.
　　　바티칸 도서관.

스며들기 때문이다. 프톨레마이오스는 그 내용을 『테트라비블로스』 I권 2장에서 다음과 같이 설명했다.

영원한 천상의 물질로부터 대상을 변화시킬 수 있는 어떤 힘이 퍼져 나와서 지구 전체에 스며든다. 달 아래 원소들 가운데 먼저 불과 공기가 에테르에 둘러싸여 변화되고, 그에 따라 지구와 물과 그 안의 식물과 동물 모든 것들을 포괄하며 변화시킨다. 태양은 주변 환경과 함께 지구의 모든 것에 항상 같은 방식으로 영향을 미친다. 동물의 생식, 식물의 다작, 물의 흐름, 신체의 변화를 가져오는 계절을 만들어내서 영향을 미치기도 하고, 태양이 떠 있는 하늘의 위치에 따라 규칙적으로 더위, 습기, 건조, 추위를 제공하는 매일의 회전에 의해서 영향을 미치기도 한다.

프톨레마이오스가 말하는 가장 기본적인 원리는 천상계를 채우고 있는 에테르가 지상계로 스며들면서 지상계를 이루는 4원소 중 가장 먼저 불과 공기를 변화시키고 이어서 불과 공기가 다른 모든 것을 변화시키는 것이다. 각각의 천체가 지상계에 미치는 영향은 천체의 특징에 따라 다르다. 태양은 지구 위 모든 생명 현상에 같은 방식으로 영향을 미친다. 토끼와 인간과 고래 등 각각의 동물의 생식에 영향을 미치듯 동물 전체의 생식에도 영향을 미친다. 태양은 지구 전체에 같은 방식으로 영향을 미치지만, 달은 지구 위의 것들과 서로 호응한다. 프톨레마이오스는

『테트라비블로스』 I권 2장에서 계속 다음과 같이 기술했다.

> 지구와 가장 가까이 있는 천체인 달도 풍부한 영향력을 행
> 사한다. 생물 또는 무생물이 달과 공감하고 함께 변화한다. 강
> 은 달의 빛과 함께 부풀어 오르고 줄어든다. 달의 차오름과
> 이지러짐에 따라 바다는 자신의 조류를 바꾸고, 동물과 식물
> 중에는 활짝 피거나 시드는 것들이 있다.

프톨레마이오스가 조수 간만의 차가 달에 의한 것임을 이론
적으로 알았다고 보기는 어렵지만, 적어도 강이든 바다든 지구
의 물이 달과 공감하여 밀물이 되고 썰물이 되는 현상을 인식
했다는 점은 의미가 있다.

프톨레마이오스는 『테트라비블로스』 I권 4장에서 행성들의
특징에 관해 기술했다. 토성은 태양으로부터 가장 멀리 있어서
차가움과 건조함을 상징한다. 화성은 그것의 붉은 색깔 때문에
건조함, 불의 성질을 가진 행성으로 취급된다. 목성은 토성과 화
성 사이에서 따뜻함과 습기를 상징한다.

『테트라비블로스』는 복제되고 요약되었다. 주석이 붙고 번역
되었다. 아랍어, 라틴어 등 여러 언어로 번역되며 널리 퍼지면서
대학에서 천문학과 같이 필수 과목으로 다루어지기도 했다.

이슬람 세계에서 가장 널리 사용되는 점성술의 형태는 별점
을 치는 것이었다. 별점에 필요한 천문학 자료는 황도대에서의
태양, 달, 행성의 위치와 별점의 대상인 사람이 태어나는 순간

동쪽 지평선 위로 솟아오른 황도 위의 별자리 정도였다. 이런 자료는 천문표에 실려 있었다. 별점의 운명은 천문표에 달려 있었다. 지배자들은 제국을 확대하고 재앙을 피하려고 적극적으로 천문학을 지원했다. 거의 모든 천문학자는 별점을 치고 점성술을 주제로 글을 썼다. 이슬람 세계의 가장 위대한 과학자 중 한 명인 알 비루니도 점성술의 지침서인『점성술의 요소에 관한 교과서』라는 책을 썼는데 이 책의 처음 ⅔는 뒤에서 다루는 점성술을 이해하는 데 필요한 천문학 이론을 설명하는 데 바쳤다.

천문학과 점성술의 경계는 거의 보이지 않을 정도로 흐렸다. 프톨레마이오스는 천문학자가 아니라 점성술사로 아랍인들에게 먼저 알려졌다.『테트라비블로스』는 800년 무렵에 알 바트리크에 의해『알마게스트』보다 먼저 아랍어로 번역되었다[8]는 사실에서 천문학보다는 점성술이 더 보편적이었음을 알 수 있다. 점성술은 천문학의 발전을 촉진했다. 천문학은 점성술에 필요한 천문표를 제공했다. 점성술의 토대는 천문학만이 아니었다. 4원소의 등장으로 알 수 있듯이 철학적인 기반을 갖추는 것도 중요한 일이었다. 프톨레마이오스의 점성술의 철학적 기반은 아리스토텔레스의 철학이었다.

11세기, 이슬람의 천문학과 점성술이 유럽으로 흘러들었다. 당연한 이야기이지만, 유럽의 점성술도 지구가 중심에 있고 다른 행성들이 지구 주위를 도는 천동설에 바탕을 두었다. 당시에는 수성, 금성, 화성, 목성, 토성의 행성과 태양, 달이 지구를 도는 궤도 모양과 그 궤도 위에서의 행성의 위치를 정확하게 아는 것은 매우 중요한 일이었다. 그것에 기반하여 군주의 흥망성쇠, 농사의 길흉, 인간의 운세를 예측하면 부와 명예와 높은 지위는 저절로 따라올 테니까. 그러나 점성술을 발전시킨, 아니 사실은 천문학을 발전시킨 추동력이 기껏 미래에 대한 두려움과 운명을 알고자 하는 인간의 욕망이었다고 깎아내릴 필요는 없다. 훌륭한 점성술사가 되어 천체가 인간사에 미치는 영향을 알고 싶어 했던 앞선 사람들의 연구가 결국은 코페르니쿠스, 케플러의 우주론을 태동시켰으니 말이다. "위를 보며 아래를 본다."라는 말은 평생 정교하게 천체 관측을 하며 방대한 자료를 남긴 튀코 브라헤가 남긴 말이다.

프톨레마이오스를
넘어서다

프톨레마이오스의 『알마게스트』가 언제 아랍어로 번역되었는지는 확실치 않다. 827년에 바드다드 궁전의 익명의 학자가 그리스어 문헌을 기반으로 아랍어로 번역한 것이 네덜란드의 레이던 대학 도서관에 보관되어 있다. 거의 같은 시기에 바그다드에서 이븐 유수프가 시리아어 문헌을 기반으로 번역했는데, 원래는 '12권의 수학적 장서'라는 그리스어 제목이 '위대한 책'이라는 뜻의 '알마게스트'라는 제목으로 바뀌게 된 것은 이 번역본 때문이다. 가장 널리 사용된 아랍어 버전은 이스하크 이븐 후나인이 그리스어 문헌을 기반으로 번역한 것으로 9세기에 타비트 이븐 쿠라가 수정했다.[9]

9세기 초 프톨레마이오스의 『알마게스트』가 아랍으로 번역되자 이슬람 천문학자들은 거의 보편적으로 프톨레마이오스의 천문학을 지즈를 만드는 기본 이론으로 삼았다. 이 책의 천문학 이론들은 근본적으로 정확하다고 여겼다. 다만, 프톨레마이오스가 몇 세기에 걸쳐 흩어져 있는 관측값에만 접근할 수 있었기 때문에 그가 얻은 매개변수 중 일부는 수정이 필요하다고 생각했다. 새로운 관측을 통해 이러한 매개변수를 수정하고 프톨레마이오스의 방법을 사용하여 이론에 대한 매개변수를 새롭게 도출하면 된다고 생각했다. 이제 천문학자들에게 남은 것은 고대 천문학자들이 묘사한 방법을 사용하여 매개변수의 실수를 바로잡는 것이라고 주장했다.

타비트 이븐 쿠라, 알 바타니와 같은 지혜의 집과 관련된 학자들이 프톨레마이오스의 매개변수 중 잘못된 것들을 발견하고 새로운 관찰에 기초하여 프톨레마이오스의 모델을 수정했다. 이들의 업적은 코페르니쿠스의 책『천구의 회전에 관하여』에 인용되었다.

설명할 수 없는 금성의 모양 변화

프톨레마이오스가 행성을 하나하나 따로 떼어서 각각의 행성과 지구의 관계를 기술했음은 앞에서 이미 언급했다. 천문학자들은 관측 결과와 이론을 맞추기 위해 각각의 행성마다 주전원을 늘리기도 하고 속력을 조정하기도 했다. 새로운 관측 결과들이 쌓이면 다시 이론과 맞추기 위해 프톨레마이오스 체계를 수정했지만 그러면서도 설명할 수 없는 현상은 계속 남아 있었다.

내행성인 금성과 수성이 지구 주위를 돈다면 왜 가끔이라도 태양으로부터 멀어지지 않을까? 내행성이 항상 태양 주위에 머무르기 때문에, 즉 지구에서 볼 때 태양과 내행성이 최대로 벌어지는 각이 정해져 있어 금성과 수성의 주전원의 중심은 항상 지구와 태양을 잇는 직선 위에 있어야 한다고 했지만 근거를 제시할 수 없는 설명일 뿐이었다. 당시에는 달도 내행성으로 여겨졌음에도 불구하고 외행성처럼 태양 반대편으로도 갈 수 있기 때문이다.

금성의 모양에 대한 의문도 남아 있었다. 달이 초승달, 반달, 보름달과 같이 변하는 것처럼 금성도 그 모양이 가느다란 모양에서 둥그런 모양으로 변한다. 더구나 멀리 있을 때는 둥글면서 작아지고 가까이 있을 때는 가늘어지면서 커진다. [그림 3-5]는 지구와 태양 사이에서 실제로 관측되는 금성의 모양이다. 금성이 1에서 6까지 순서대로 움직일 때 왼쪽이 둥글면서 가느다란 모양에서 점차 둥글게 변해 6번으로 오면 오른쪽이 둥글면서 가느다란 모양으로 바뀐다. 그런데 프톨레마이오스의 우주 체계에서 금성은 지구와 태양 사이를 잇는 선에서 어느 정도 이상 벗어나지 않아 보름달처럼 둥글게 보이는 일은 있을 수 없다. 프톨레마이오스 체계에서는 가느다란 모양 이외에는 설명할 수 없는 한계가 있었다.

프톨레마이오스로 대표되는 천문학자들에 의해서 동심원, 이심, 이심원, 주전원들을 어지럽게 겹겹이 쌓아 올린 하늘은 완전한 천상계라는 이미지에는 맞지 않는 것이었다. 그들은 천체의

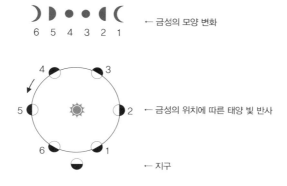

← 금성의 모양 변화

← 금성의 위치에 따른 태양 빛 반사

← 지구

[그림 3-5] 실제 금성의 모양 변화

운동을 점과 선의 수학으로 설명했다. 부피와 무게가 있는 물체가 서로 연동되는 현상으로는, 즉 역학적으로는 설명하지 못했다. 지구가 우주의 중심이라면서 행성들은 이심을 중심으로 운행한다는 것은 이치에 맞지 않았다. 행성들이 등속으로 움직이는 기준이, 우주의 중심인 지구도 아니고 궤도의 중심인 이심도 아닌, 아무것도 없는 텅 빈 공간인 등각속도점이라는 설정은 가능한 일이 아니었다. 프톨레마이오스의 우주 체계에 대한 의심이 싹터 올랐다.

이런 의심에 기름을 부은 것은 아리스토텔레스의 자연학, 아리스토텔레스의 철학이었다. 아리스토텔레스의 논리는 매우 경험적이다. 실제와 경험에 대한 이성적 관찰과 분석 방법에 이슬람 학자들은 학문적 호기심을 느낄 수밖에 없었다.

헬레니즘 시대가 끝난 후, 비잔틴 제국에서 환영받지 못한 고대 그리스의 문헌들이 소아시아, 페르시아 지역에서 적극적으로 연구되고 번역되었다. 이슬람 제국의 시대가 시작되자 그것들은 다시 아랍어로 번역되었다. 고대 그리스, 페르시아, 인도 등 주변 선진 문물은 이슬람 제국에 의해 놀라울 정도로 빠른 속도로 흡수되었다. 10세기 알 파라비는 이슬람 세계에서 최초로 아리스토텔레스 연구의 길을 열며 몇 권의 주해서를 남겼다. 이슬람 학자들 사이에서는 아리스토텔레스의 문헌들과 주해서들이 널리 퍼지게 되었고, 너무나 자연스러운 그의 역학 법칙은 절대적인 영향력을 가지게 되었다.

단단한 바퀴처럼 구르는 천구

프톨레마이오스의 천문학 이론에 처음으로 진지하게 의문을 품게 된 때는 11세기로 보인다. 프톨레마이오스에 대해 공개적으로 비판한 최초의 학자는 알 하이삼이다. 그는 지중해에 접한 북아프리카를 넓게 차지한 파티마 왕조의 수도인 카이로에서 주로 활동했다. 알 하이삼은 윤리, 시, 아리스토텔레스뿐만 아니라 천문학, 수학, 광학 분야에 대한 책도 많이 저술했는데, 그중에 지금까지 전해지는 것이 60권 정도일 정도로 막강한 영향력을 가진 학자이다. 특히, 광학에 관한 그의 연구는 독보적이었고 13세기경 라틴어로 번역되어 유럽에서 널리 연구되었다.

알 하이삼의 책 중 천문학에 큰 영향을 미친 것은 『프톨레마이오스에 관한 의심』이라는 책이다. 알 하이삼은 아리스토텔레스의 철학적 우주론의 신봉자였다. 그는 천문학 이론은 수학적 기초뿐만 아니라 물리적 기초도 가지고 있어야 한다고 믿었다. 천구가 태양, 달, 행성을 운반하려면 그 천구는 단단한 물질로 만들어져야 했다. 그리고 천구가 단단한 구라면, 그것은 반드시 고체 물질의 성질을 따라야 한다. 알 하이삼은 프톨레마이오스가 이 규칙을 어겼다고 비판했다. 알 하이삼의 책은 프톨레마이오스를 포함한 기존의 이론들에 대한 비판으로 가득 찼는데, 가장 문제가 되는 것은 등각속도점이었다.

> 프톨레마이오스의 모든 원을 단단한 천구로 해석한다면, 어떻게 구의 중심이 아닌 지점에서 볼 때가 아니라 구의 중심에서 볼 때 속력이 일정하지 않은 것처럼 움직일 수 있을까? 바퀴가 축 위에서 회전하는 것을 상상해보자. 바퀴 가장자리의 부분들이 어떻게 다른 속력으로 움직일 수 있는가? 등각속도점이라는 점을 가진 단단한 구는 물리적으로 불가능하다.[10]

알 하이삼은 천구를 바퀴에 비유했다. 마차 바퀴를 생각해보자. 바퀴에서 지면에 닿는 부분은 바퀴의 중심에서 볼 때 모두 일정한 속력으로 회전한다. 중심에서 볼 때 어떤 부분이 다른 부분보다 더 빨리 회전하거나 더 느리게 회전하는 일은 일어날 수 없다. 천구도 바퀴처럼 천구의 중심에서 볼 때 일정한 속력으로 회전해야 하니 등각속도점이라는 점이 따로 존재할 수 없다는 주장이다. 프톨레마이오스도 『행성에 관한 가설』이라는 책에서 우주가 동심 천구들로 구성되어 있다는 것을 인정하면서도 이러한 천체들의 운동과 그의 수학적 모델을 연관시키려는 시도는 하지 않았다. 그는 물리적인 우주와 수학적인 우주를 철저하게 구분했다. 행성의 위치를 다룰 때는 물리적인 문제는 덮어놓고 오로지 기하학적인 문제로만 다루었다. 프톨레마이오스는 태양, 달, 행성의 궤도를 하나하나 따로 떼어놓고 각자의 평면에서 다루었다. 주전원, 이심 등 모든 이론은 관측 결과와 이론을 맞추기 위해 동원되었다. 우주 전체를 통합하는 것은 뒷전으로 밀려났다. 그러나 알 하이삼처럼 천구를 포함한 물리적인 우주를 수학적으로 해석할 모델을 찾는 사람들이 점차 늘어났다.

주전원을 없애다

11세기에 활동한 페르시아의 알 주즈자니는 프톨레마이오스 체계와는 다른 자신만의 모델을 만들어 한 걸음 더 나아갔다. 알 주즈자니의 노력은 궁극적으로 성공하지 못했지만 이슬람 서부, 특히 안달루스에서는 대체 모델을 찾는 일이 계속되었다. 후우마이야 왕조의 통치자들은 지혜의 집을 본떠서 코르도바에 도서관을 설립하고 아바스 왕조만큼이나 문헌을 모으고 번역 사업을 후원했다. 수많은 고대 그리스의 철학 문헌들과 과학 문헌들이 아랍어로 번역되었다. 이베리아반도 남쪽 코르도바는 당시 아바스 왕조의 바그다드, 당나라의 장안과 맞먹는 문화의 중심지였다. 알람브라 궁전으로 유명한 그라나다 왕국이 안달루스에서 1492년 기독교 왕국인 에스파냐에 의해 멸망할 때까지 이슬람 세력은 800여 년 동안 이 지역에 아랍 문명을 뿌리내리게 했다.

주전원을 없앤 행성 체계 중 기록에 남은 가장 오래된 것은 12세기 초에 안달루스에서 활동했던 이븐 바자의 것이다. 코르도바의 유대 학자 마이모니데스는 다음과 같은 기록을 남겼다.

> 아부 바크르(이븐 바자)가 이심은 있지만 주전원은 없는 우주 체계를 발견했다고 들었다.[11]

주전원을 없앴더라도 이심이 있으면 여전히 아리스토텔레스가 제시한 원칙에 어긋난다. 이슬람 학자들이 추구한 것은 프톨레마이오스와는 달랐다. 단단하고 무게가 있는 실체로서의 천구가 따라야 하는 물리적인 법칙까지 고려하면서 행성이 등속으로 원 궤도를 돌고 있음을 설명하는 우주 체계, 그러면서도 관찰된 시간, 위치와 일치하는 이론을 수립하는 것이 안달루스의 이슬람 학자들이 추구하는 것이었다. 다시 말하면, 이심원, 주전원, 등각속도점을 모두 없앤, 우주의 중심인 지구를 중심으로 해서 천구가 회전하는, 아리스토텔레스의 이론에 부합하는 우주 체계를 수립하고자 했다.

이븐 바자와 마찬가지로 12세기에 안달루스에서 활동한 이븐 투파일이 아리스토텔레스 자연학의 철학적 전제 조건을 만족시키는 방식을 고안했다고 한다. 비록 이븐 투파일의 연구는 남아 있지 않지만 그의 제자인 이븐 루시드와 알 비트루지에게로 이어졌을 것이다.

이븐 루시드와 알 비트루지

이븐 루시드는 아리스토텔레스의 거의 모든 문헌에 대한 주해서를 남겼다. 그는 법학, 철학, 의학, 천문학 등 여러 방면에 업적을 남겼지만, 아리스토텔레스의 사상을 바르게 복원하는 것이 일생의 목표라고 할 만큼 철저한 아리스토텔레스주의자였다. 이슬람 세계에서 아리스토텔레스에게 매료된 학자가 이븐 루시드만은 아니었는데, 아리스토텔레스 연구는 이븐 루시드에 이르러 절정에 달했다. 안달루스의 천문학자들이 특히 아리스토텔레스 자연학에 기반한 우주 체계를 연구한 배경에는 이븐 루시드에 의해 마련된 아리스토텔레스 철학의 기반이 있었다고 볼 수 있다. 또한, 그가 쓴 책들은 라틴어와 히브리어로 번역되었는데 라틴어로는 그를 '아베로에스'라고 불렀다. 아리스토텔레스를 비롯한 그리스 사상가들에 대한 지식을 전해 받았다는 점에서 유럽인들은 이븐 루시드라는 거인에게 빚진 바가 크다.

이븐 루시드는 아리스토텔레스의 철학에 기반하여 주전원,

이심, 등각속도점은 우주의 물리적 실체 속에서 아무런 근거가 없다고 생각했다. 그러나 행성 위치의 계산과 예측에는 프톨레마이오스 체계가 정확하게 작동했기 때문에 현상을 구하라는 플라톤의 말을 수행하는 이론으로서의 지위를 부인할 수는 없었다.

조금 젊은 동시대인인 알 비트루지에 의해 아리스토텔레스의 자연학에 기반한 천문학이 더욱 발전했다. 알 비트루지는 주전원과 등각속도점을 사용하지 않고 동심 천구의 천구마다 회전 방향을 다르게 하여 행성의 운동을 설명하고자 했다. 이븐 바자와 이븐 투파일이 제안한 행성 운동 시스템을 수정한 것이다. 그러나 그가 만든 모델로 행성의 위치를 예측한 값은 프톨레마이오스 모델의 것보다 정확하지 않았다. 그래서 결국 프톨레마이오스의 행성 모델을 대체하지 못했다.

알 비트루지의 우주 체계의 독창적인 측면은 천체 운동의 물리적 원인에 대한 설명이다. 아리스토텔레스의 자연학에 따르면 공기는 물체의 운동을 지속시키지만, 페르시아의 이븐 시나는 아리스토텔레스와는 반대로 공기는 물체의 운동을 방해한다고 새롭게 주장했다. 이븐 시나는 물체의 운동이 가능한 것은 어떤 '숨은 힘의 덩어리'가 있기 때문이라고 설명했다. 알 비트루지는 이븐 시나가 말한 '숨은 힘의 덩어리'에 '임페투스'라는 이름을 붙이고 임페투스라는 아이디어로 아홉 번째 천구에 있는 원동자로부터 다른 천구들에 에너지가 어떻게 전달되는지 설명했다. 천상계와 지상계에 똑같이 임페투스를 적용한 것이다. 천상계와 지상계에 서로 다른 역학이 있다는 아리스토텔레스의 생각에 반대하며 역학은 모든 세계에 똑같이 적용된다는 이론을 세운 것이다.

임페투스는 14세기 프랑스의 장 뷔리당에 의해 지상에서 물체가 운동하는 원인을 설명하는 이론으로 쓰였다. 임페투스는 아리스토텔레스의 역학을 대체하며 지상의 운동을 설명하는 이론으로 자리 잡아갔는데, 갈릴레오, 뉴턴에 의해 근대 역학 이론이 정립되면서 폐기되었다.

마라가 학파

☼

    칭기즈칸의 손자 몽케칸은 대칸에 즉위하자 동생 쿠빌라이(고려가 항복한 원나라의 세조)에게는 동방 원정을, 훌라구에게는 서방 원정을 명한다. 그리고 훌라구는 1258년 아바스 왕조를 정복하고 지금의 이란, 이라크 지역에 일한국을 세운다. 훌라구는 페르시아의 대학자인 알 투시의 연구 활동을 전폭적으로 돕는다. 알 투시는 지혜의 집이 파괴되기 전에 훌라구의 허락 아래 약 40만 건에 이르는 필사본을 꺼내 올 수 있었고, 1259년 훌라구의 도움으로 마라가에 지은 천문대에 그것들을 옮겨 보존했다. 알 투시가 프톨레마이오스의 천문학 이론을 개혁하기 위해 매우 혁신적인 이론을 개발한 것은 마라가 천문대에서였다.

알 투시의 투시 커플

히파르코스가 만든 달 모델은 달이 태양과 합 또는 충의 위치에 있을 때, 즉 태양과 같은 쪽 또는 반대쪽의 위치에 있을 때는 잘 작동했다. 그러나 다른 곳에 있을 때는 때때로 그 관측 위치가 계산과 엄청나게 달랐다, 주전원과 이심원의 크기 조정만으로는 해결이 안 되는 문제였다. 프톨레마이오스는 회전 방향을 바꾸었다. 지구 주위를 도는 원, 그 원 위를 도는 중심으로 만들어지는 원, 또 그 원 위를 도는 중심으로 만들어지는 달의 주전원을 생각했다. 세 원은 [그림 3-6]과 같이 차례로 방향이 반대이다. 이렇게 만든 달 모델로 관측과 일치하는 달의 위치를 계산해낼 수 있었다.

그런데 문제가 있었다. 크랭크처럼 작동하는 프톨레마이오스의 달 모델에서는 지구로부터 달까지의 거리가 두 배 넘게 변했

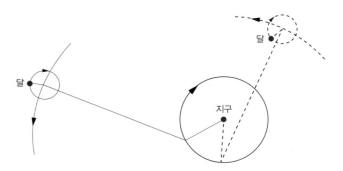

[그림 3-6] 프톨레마이오스의 달 모델. 달이 실선 위치에 있을 때는 점선 위치에 있을 때보다 지구에서 달까지의 거리가 두 배 넘게 멀어진다.

다. 다시 말하면, 한 달 동안 달의 겉보기 크기가 크게 변하여 가장 클 때는 가장 작을 때보다 두 배 이상이 되었다. 밤마다 달을 보는 사람 누구나 그렇지 않다는 것을 알았지만, 이 문제는 무시되었다.

이 문제가 해결된 것은 알 투시에 이르러서이다. 알 투시는 이러한 문제를 해결할 수 있는 수학 장치를 개발했다. 오늘날 '투시 커플'이라고 부르는 것이다. 투시 커플은 두 점 사이에서 진동하는 직선 운동을 생성할 수 있는 두 개의 원으로 구성된 장치를 말한다. [그림 3-7]처럼 크기가 절반인 작은 원이 큰 원의 안쪽에서 접하여 회전하면 안쪽 원의 한 점은 큰 원의 지름인 직선을 만들어낸다. 좀 더 확장하여 말하면, [그림 3-8]처럼 큰 원이 각 a만큼 회전할 때, 작은 원이 반대 방향으로 각 $2a$만큼 회전하는 경우에 점 H는 지름 AB 위를 움직이는 왕복 직선 운동을 한다.

[그림 3-9]는 알 투시가 투시 커플을 이용하여 만든 달 모델이다. 이 모델에서는, 거리가 크게 변하는 프톨레마이오스 모델의 문제점을 해결하면서 위치는 프톨레마이오스의 계산과 거의 같게 나오게 되었다.

등속인가 부등속인가

알 투시는 투시 커플을 행성에도 적용했고 이후 알 샤티르 등

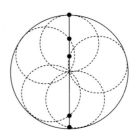

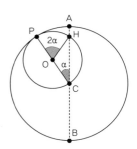

[그림 3-7] 투시 커플. 반지름이 절반인 작은 원이 큰 원 안쪽에서 접하며 구를 때, 작은 원 위의 한 점은 지름 위를 움직인다.

[그림 3-8] 투시 커플. 큰 원이 각 α만큼 회전할 때, 작은 원이 반대 방향으로 각 2α만큼 회전하면 점 H는 지름 AB 위를 움직인다.

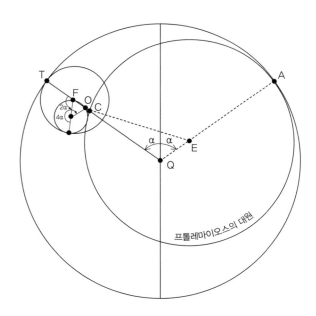

[그림 3-9] 알 투시의 달 모델. 투시 커플로 생성된 궤도 위의 점 O가 프톨레마이오스의 대원 위의 점 C와 매우 가깝다. E는 이심, Q는 지구.[12]

마라가 학파의 학자들은 이 장치를 이용하여 행성 모델도 획기적으로 개선하게 된다. 이슬람 천문학의 가장 완성된 형태라고 할 수 있다.

카이로에서 활동했던 알 하이삼이 처음으로 프톨레마이오스의 천문학을 비판한 이래, 알 바타니, 알 비루니, 알 비트루지, 이븐 시나 등 안달루스 학자들이 개선하고자 애썼던 것은 등각속도점이었다. 물리적인 의미를 갖지 못하는 등각속도점을 없애고자 했지만, 그것을 없애고 새로 만든 모델에서의 계산값은 관측값과 차이가 심했다. 여러 가지 시도를 했지만 성공하지 못했다. 안달루스의 학자들은 성공하지 못했지만, 13세기 이후 몽골 제국의 지배 아래에서 이슬람 동부 지역의 학자들이 드디어 우주론의 마지막 매듭을 풀고 물꼬를 터뜨렸다. 두께를 갖고 단단함을 갖는 실체로서의 천체들이 움직이는 우주론을 건설할 수 있게 된 것이다. 투시 커플의 가장 큰 의의는 바로 이것을 사용하면 그런 물리적 실체의 등속원운동이 설명된다는 점이다.

천체들은 일정한 속력으로 원운동을 하지 않는다는 지금의 관점에서 이것을 보아서는 곤란하다. 13세기 당시는 물론이고 16세기경 태양중심설을 주장한 코페르니쿠스에게도 천체의 운동은 등속, 원운동이었음을 기억하자. 천체가 지구를 중심으로 한 원 궤도를 등속으로 돌고 있다는 것은 우주론의 커다란 전제였다. 그런데 눈에 보이는 현상은 그렇지 않았다. 속력과 궤도의 모양 두 가지 문제 중에 해결이 쉬웠던 쪽은 궤도의 모양이

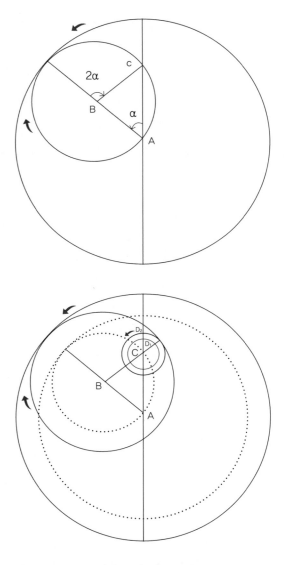

[그림 3-10] 투시 커플의 수학적 버전(위)과 물리적 버전(아래). 물리적 버전에는 고체인 천체들을 표현하기 위한 두께, 그것이 움직일 공간도 표현되었다.[13]

었다. 천체의 궤도가 원이 아니라는 것은 원을 여러 개 합성하여 해결했다. 즉, 하나의 원이 아니라 여러 개의 원으로 이루어진 원운동을 한다는 해석으로 해결했다. 남은 문제는 빨라졌다 느려졌다 속력이 변하는 것처럼 보이는 천체의 운동을 등속운동으로 설명해내는 것이었다.

프톨레마이오스는 이 문제를 해결하기 위해 등각속도점이라는, 우주 공간의 텅 빈 지점을 상정하여 그곳에서 보면 천체들이 균일한 속력으로 움직인다고 했지만, 이슬람 학자들에게는 물론 코페르니쿠스에게도 말도 안 되는 설정이었다. 그러니 이 골칫거리를 없애면서 천체가 등속운동을 한다고 설명할 수 있는 투시 커플이 당시 얼마나 획기적인 발명품이었는지는 두말할 필요조차 없다.

알 투시는 투시 커플로 이렇게 말한 셈이다. 우리 눈에는 천체가 등속으로 운동하지 않는 것처럼 보이지만 사실은 등속으로 운동하고 있다고. 그러면 등각속도점이라는 설정 없이도 사실은 등속원운동을 하고 있다는 설명이 가능해진다. 출발은 등속원운동하는 물체가 그렇게 움직이지 않는 것처럼 보이는 것은 그것이 진동하듯 운동하기 때문이라는 가설이었다. 이제 투시 커플이 이에 대해 어떻게 설명하는지 알아보자.

[그림 3-11]의 투시 커플에서 점 P가 원 D 위에서 움직일 때, 점 H는 지름 CA 위에서 움직인다. 원 D 위에서 길이가 같은 두 호 BF와 EA를 생각하면, 점 P는 원 위에서 등속으로 움직이므로 점 P가 호 BF와 호 EA를 통과하는 데 걸리는 시간은 같다.

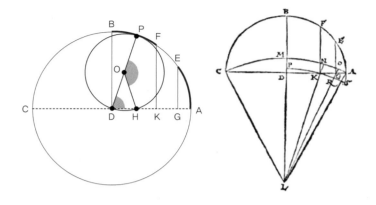

[그림 3-11] 점 P가 원 D 위에서 등속운동을 할 때, 점 H는 지름 AC 위를 균등하지 않은 속력으로 왕복한다(왼쪽). 코페르니쿠스의 『천구의 회전에 관하여』 III권 5장에 이를 이용하는 그림이 있다(오른쪽).

한편, 호 BF와 호 EA의 길이가 같으므로 선분 DK와 선분 EG의 길이가 같고 선분 GA는 선분 EG보다 짧으므로[•] 선분 DK는 선분 GA보다 길다.

이제 점 H가 선분 DK와 GA를 통과하는 속력을 생각해보자. 점 P가 점 B에서 F까지 가는 동안 점 H는 점 D에서 K까지 가고, 점 P가 점 E에서 A까지 가는 동안 점 H는 점 G에서 A까지 간다. 즉, 점 P가 호 BF를 통과하는 시간은 점 H가 선분 DK를

• 유클리드 『원론』 3권 명제 7 [지름 위의 점 G에서 원 위의 점에 그은 선분 중 길이가 가장 긴 것은 중심을 지나는 지름의 일부(선분 GB)이고 가장 짧은 것은 중심을 지나지 않는 지름의 일부(선분 GA)이다]에 의해 그림에서 선분 GD의 길이보다 GA의 길이가 짧다.

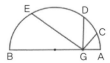

[그림 3-12] 알 투시의 행성 모델. 등각속도점을 없애고 주전원에 투시 커플을 추가했다. 알 투시의 『천문학 보감』 fol. 23r.

통과하는 시간과 같고, 점 P가 호 EA를 통과하는 데 걸리는 시간은 점 H가 선분 GA를 통과하는 시간과 같다. 그런데 선분 DK가 GA보다 길므로 선분 DK를 통과할 때의 속력은 GA를 통과할 때의 속력보다 빠르다.

투시 커플에 의해 등속원운동하는 물체가 속력이 일정하지 않은 직선운동을 하는 것으로 보일 수 있다는 놀라운 사실을 말해주는 수학 장치가 만들어졌다. 알 투시는 프톨레마이오스의 행성 모델에서 모든 등각속도점을 없애고 새로운 모델을 만들어낼 수 있었다. [그림 3-12]와 같이 우주의 중심에는 지구를 놓고 주전원에 투시 커플을 추가했다.

알 우르디, 다시 지구를 중심에 놓다

1259년 마라가 천문대를 지을 때, 다마스쿠스에서 활동하던 알 우르디가 합류했다. 알 우르디의 업적 중의 하나는 지금은 '우르디 보조정리'라고 부르는 것으로, 이것을 이용하면 이심 운동과 주전원 운동이 수학적으로 동치가 된다. 다시 말하면, 이심 모델을 주전원 모델로 바꾸는 것, 즉 천체의 운동을 지구가 아닌 이심을 중심으로 한 원운동이 아니라 지구를 중심으로 한 원 위의 주전원 운동으로만 설명이 가능하다는 말이다.

투시 커플과 함께 우르디 보조정리라는 새로운 수학 이론의 발견에 의해 등각속도점 문제가 해결되었다. 거칠게 말하면, 우르디 보조정리에 의해 지구가 원운동의 중심임이 설명되고, 투시 커플에 의해 등속운동으로 보이지 않는 이유가 설명되는 셈이다.

이제 우르디 보조정리에서 출발하여 마라가 학파의 학자들이

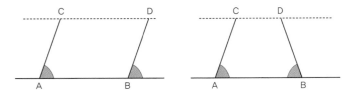

[그림 3-13] 우르디 보조정리. 직선 AB에서 출발한 두 선분 AC와 BD의 길이가 같고 두 선분에 대하여 그림에 표시한 각들의 크기가 같으면 두 점 C, D를 잇는 직선은 직선 AB와 평행이다.

어떻게 지구를 다시 우주의 중심에 앉히며 1,000년이 넘은 문제를 해결했는지 알아보자.

알 우르디는 [그림 3-13]과 같이 직선 AB에서 출발한 두 선분 AC와 BD의 길이가 같고 같은 쪽 각 또는 안쪽 각들의 크기가 같으면 두 점 C, D를 잇는 직선 CD는 직선 AB와 평행임을 밝혔다. 이것이 우르디 보조정리이다.

우르디 보조정리를 외행성에 적용하면 어떤 일이 벌어지는지 살펴보자. [그림 3-14]에서 점 T는 프톨레마이오스의 대원의 중심, D는 등각속도점이다. 프톨레마이오스 체계에서 외행성은 우주의 중심인 지구로부터 떨어진 점, 이심을 중심으로 하는 대원 (이심원) 궤도를 회전하고 있다. 알 우르디는 프톨레마이오스 대

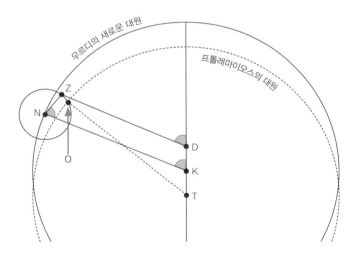

[그림 3-14] 우르디 보조정리에 의해 프톨레마이오스 주전원의 중심 O의 등속운동을 새로운 점 Z가 대체하게 되었다.

원의 중심 T와 등각속도점 D의 중점 K로 대원의 중심을 옮겼다. 새로운 대원 K 위에 반지름의 길이가 프톨레마이오스 체계에서의 이심거리 DT의 절반인 새로운 주전원 N을 만들어 프톨레마이오스의 대원과 같은 속력으로, 같은 방향으로 움직이게 했다. 그러자 새로운 주전원 N 위의 점 Z는 프톨레마이오스의 주전원의 중심 O와 매우 가까워져 거의 구분할 수 없게 되었다. 새로운 주전원 N 위에 프톨레마이오스의 주전원의 중심 O가 올라탄 셈이다. 한편, 주전원 N의 운동의 설정에 의해 [그림 3-14]에 표시된 세 각의 크기가 같으므로 우르디 보조정리에 의해 선분 DZ와 KN은 평행이 된다. 이것은 프톨레마이오스의 주전원의 중심 O 대신 새로운 주전원 위의 점 Z가 등각속도점 D를 중심으로 등속운동하는 것처럼 보이게 한다. 실제로는 점 Z는 새로운 주전원 N을 등속으로 돌고 있으며, 주전원 N은 새로운 대원 K를 등속으로 돌고 있을 뿐이다. 이제 등각속도점 D에서 볼 때 등속으로 보인다는 주전원의 중심 O의 운동은 대원 K를 등속으로 도는 주전원 N 위의 점 Z의 운동으로 바뀌었다.[14]

이렇게 새로운 대원, 새로운 주전원의 설정으로 궤도의 중심에서 비껴 앉은 등각속도점은 이제 쓸모없어졌다. 천체의 등속 원운동은 등속원운동을 여러 개 결합하여 설명할 수 있게 되었다. 최종적으로 등속운동하는 점 Z가 프톨레마이오스의 주전원의 중심 O를 대체하게 되었다.

이슬람 천문학의 황금기가 열렸다. 투시 커플은 등속원운동에서 부등속인 직선 왕복운동을 만들어내기 때문에 부등속 진

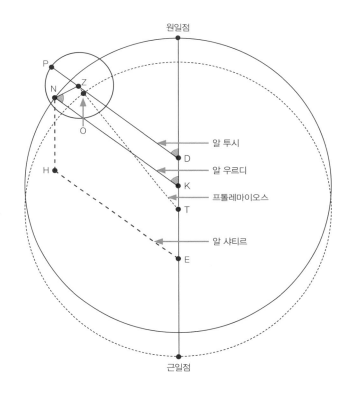

원일점

P

N   Z

O

알 투시
D

알 우르디
K

프톨레마이오스
T

알 샤티르
E

H

근일점

[그림 3-15] 네 명의 외행성 수정 모델. 모든 수정 모델이 프톨레마이오스 모델과 겹친다.[15]

동이 필요한 모든 곳에서 매우 쓸모 있었다. 덕분에 천체의 경도, 위도 문제를 해결하면서 천체들의 운행 모델이 정교하게 만들어졌다. 알 투시와 알 우르디가 열어젖힌 문을 통해 알 시라지, 알 샤티르 등 여러 학자들이 프톨레마이오스 모델을 대체할 새로운 모델을 만들어내기 시작했다. [그림 3-15]에 의하면 이들이 만든 외행성 모델은 여러 평행선들에 의해 프톨레마이오

[그림 3-16] 알 시라지의 주전원을 사용한 행성 모델

스의 모델과 겹쳐짐을 확인할 수 있다. 지구 E에서 바라본 행성 P는 등속원운동을 하는 주전원 Z 위에 있는데, 주전원 Z는 프톨레마이오스의 주전원 O와 거의 구분되지 않을 정도로 가까이 있다. 이것의 의미는 오랜 시간에 걸쳐 보정한 프톨레마이오스의 값과 이들이 만든 천체 모델에서 계산한 값이 일치한다, 즉 정확하다는 의미이다.

안달루스에서 실패했던 프톨레마이오스의 대안 모델이 이슬람 동부 지역에서, 마라가 학파를 중심으로 하여 성공했다는 뜻이다. 프톨레마이오스의 값과 거의 일치하는 계산값을 만들어내는 천체 운행 모델이면서 지구를 중심으로 한 등속원운동을 설명해낸 모델이다.

알 샤티르의 모델

천문학 역사에서 극히 중요한 인물인 알 샤티르는 『행성 이론의 수정에 관한 최종 연구』에 과감하게 재구성한 태양, 달, 행성들의 모델을 남겼다. 이전의 학자들과는 달리 알 샤티르는 자연철학이나 아리스토텔레스 우주론의 이론적 원리를 고수하는 데는 관심이 없었다. 그는 경험적 관측치와 일치하는 모델을 만드는 것에 더 관심을 두었다. 그 결과 그의 우주에는 이심, 등각속도점이 없고 우르디 보조정리를 이용하는 평행선 끝쪽에 투시커플 형태의 주전원이 결합되어 있다. 수성을 제외한 네 개의

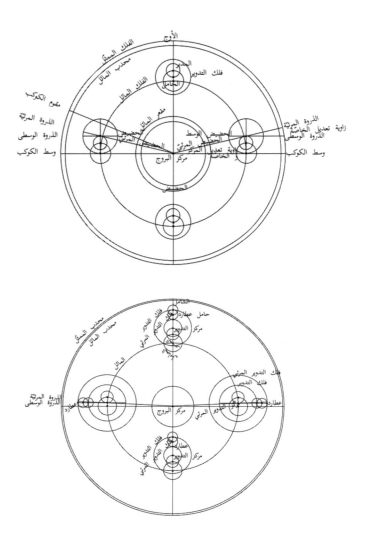

[그림 3-17] 알 샤티르의 화성 모델(위쪽)과 수성 모델(아래쪽). 지구를 중심으로 등속 원운동을 하는 대원과 여러 개의 주전원으로 표현된다.[16]

행성에서 사용한 평행선의 개수는 같고 길이와 속력만 달랐다. 이심거리가 유독 컸던 수성은 좀더 특별하게 다루어야 했다. 그가 수립한 모델에서 각각의 주전원의 상대적인 크기와 회전 속력을 도출하는 것은 쉬운 일이 아니었지만, 최종 결과는 정확하고 우아했다. 천체들은 지구를 중심에 두고 등속원운동을 하며 회전했고 이전의 어느 모델보다도 관측값과 일치하는 결과를 가져왔다.

투시 커플, 우르디 보조정리를 모두 이용한 이슬람 천문학 최고의 알 샤티르 모델에는 놀라운 점이 하나 더 있다. 약 200년 후인 1543년에 발표된 코페르니쿠스의 천체 모델과 기하학적 형태 자체는 동치라는 점이다. 이 사실은 1957년에 처음으로 제기되었다. 코페르니쿠스의 달 모델과 알 샤티르의 달 모델은 매개변수의 자명한 차이를 제외하면 동일하다.[17] 두 사람의 행성 모델은 지구 중심, 태양 중심이라는 점에서만 다르다. 다른 모든 측면에서는, 특히 수성과 금성 모델에서는 놀라울 만큼 유사성을 보인다.[18] 코페르니쿠스는 알 샤티르가 한 것과 똑같이 프톨레마이오스의 이심원-등각속도점 방식을 두 개의 주전원과 하나의 이심원으로 바꾸면서 마라가 학파와 같은 수학적 장치, 즉 투시 커플과 우르디 보조정리를 사용했다. 그뿐만 아니라 가끔씩은 마라가 학파의 학자들이 사용했던 바로 그 지점에서 그것을 똑같이 사용했다. 예를 들면, 코페르니쿠스의 수성 모델은 투시 커플을 이용하여 알 샤티르의 모델과 똑같이 수성 궤도의 반지름을 변화시켰다. 코페르니쿠스는 알 투시, 알 우르디, 알 샤티르 등 마라가 학파의 문헌을 보았을까? 마라가 학파의 연구물들이 어떤 경로로 유럽에 전해졌을까?

저작권 개념은 물론 출처를 밝힐 것을 요구하는 전통도 당시에는 없었다. 한 예로, 레기오몬타누스는 1464년에 유럽인으로서는 처음으로 평면삼각법과 구면삼각법을 다룬 책 『삼각형에 대하여』를 완성했다. 그런데 100여 년 후 지롤라모 카르다노*는 이 책의 구면삼각법 부분은 상당 부분이 자비르 이븐 아플라라는 12세기의 아랍 학자의 책에서 출처를 밝히지 않고 그대로 가져온 것이라고 지적했다.[19] 아마도 코페르니쿠스의 논증에서 핵심이라고 할 투시 커플과 우르디 보조정리도 문헌에서 보았을 가능성이 크다. 코페르니쿠스가 살던 르네상스 시기에 학자들은 동방에서 넘어온 지식을 얻기 위해 이탈리아로 몰려들었다. 코페르니쿠스도 파도바, 볼로냐, 로마 등 이탈리아 지역에서 10여 년 유학하며 넘쳐나는 지식의 세례를 받았다. 그러니 출처를 아는 문헌이든, 알 수 없는 문헌이든 많은 문헌을 보고 들었을 것이다. 지금 도서관 지하 서고에서 손길을 기다리고 있는 문헌이든, 우리에게 전해지지 않고 사라진 문헌이든.

• 지롤라모 카르다노는 이탈리아의 수학자로 삼차방정식과 사차방정식의 근의 공식을 구하고 확률론을 창시한 수학자이다. 삼차방정식의 해법에 대해 벌인 타르탈리아와의 논쟁으로 유명하다.

4

태양을
중심에
놓다

코페르니쿠스에게
어깨를 내어준 거인들

알 투시가 쓴 『천문학 보감』은 많은 주석서가 뒤따라 나왔을 정도로 천문학에 대한 기념비적인 저작이다. 이 책에 투시 커플에 대한 설명과 그것을 이용한 행성 모델들이 실려 있다. 놀랍게도 1973년에 한 연구자에 의해 코페르니쿠스의 『천구의 회전에 관하여』에서 알 투시의 아이디어는 물론 그림, 알파벳까지 똑같이 사용되었음이 밝혀졌다. 코페르니쿠스의 그림에는 작은 원이 한 개 더 있지만, 두 그림에서 큰 원의 지름은 AB, 원의 중심은 D, 두 원의 접점은 G, 직선운동을 하게 되는 점은 H로 표기가 똑같다.[1]

코페르니쿠스는 세차운동˚을 설명하는 III권 4장에서 문제의 그림을 사용한다. 이 그림에서 설명한 원리는 이후 V권 31장 수

˚ 회전하는 물체는 팽이처럼 축도 흔들리며 회전한다. 이러한 운동을 '세차운동'이라고 한다.

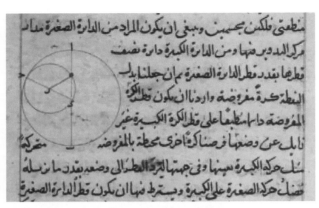

[그림 4-1] 알 투시의 『천문학 보감』 fol. 29r(위쪽)와 코페르니쿠스의 『천구의 회전에 관하여』 III권 4장. fol. 67a(아래쪽)의 그림에서 점 5개의 이름이 같다.

순서	10	9	8	7	6	5	4	3	2	1
아랍어	ر	ذ	د	خ	ح	ج	ث	ت	ب	ا
	raa'	dhaal	daal	khaa'	Haa'	jiim	thaa'	taa'	baa'	'alif
라틴어(영어)	J	I	H	G	F	E	D	C	B	A

[그림 4-2] 아랍어와 라틴어의 알파벳 일부를 순서대로 비교

[그림 4-3] 투시 커플을 설명한 알 투시의 『천문학 보감』 fol. 28v, 29r. MS-Vat. ar.319[2]

성의 경도 모델, VI권에서 행성들의 공전 궤도 기울기와 위도 문제를 다룰 때 등 부등속 진동이 필요할 때마다 책의 곳곳에서 계속 사용된다. 코페르니쿠스에게도 천체의 운동은 등속원운동이었기 때문에 투시 커플과 우르디 보조정리에 의한 이슬람 학자들의 등각속도점 해결은 코페르니쿠스 이론의 핵심이라고 할 수 있다. 마라가 학자들은 이것으로 지구를 중심으로 한 등속원운동 모델을 만들어냈고 코페르니쿠스는 이 수학적인 원리 그대로 사용하면서 지구와 태양의 위치를 바꾼 셈이다.

코페르니쿠스는 V권 25장에서 투시 커플을 이용하여 수성의 운동을 설명하면서 그 출처로 프로클로스의 『유클리드 '원론'의

I권에 대한 주석』을 거론한다. 그러나 프로클로스가 이 주석서에 쓴 것은 투시 커플과는 거꾸로인 직선운동에 의해 원운동이 만들어지는 경우에 대해서이다.[3]

유럽으로 넘어온 동방의 지식들

코페르니쿠스가『천구의 회전에 관하여』에서 인용한 이슬람 학자는 5명이다. 그중 알 바타니는 28번 인용했는데, 프톨레마이오스 다음으로 많은 횟수이다. 가장 마지막 시대의 인물은 알 비트루지인데, 그는 12세기 안달루스에서 활동했기 때문에 코페르니쿠스와 이슬람 학자들의 연관성은 이때가 마지막이라고 생각되었었다. 그러나 19세기 말 카라 드 보, 20세기 초 드레이어에 의한 단편적인 언급을 넘어서 1957년부터 코페르니쿠스와 이슬람 학자들의 연관성이 새로 조명되기 시작했다. 알 샤티르의 문헌에 대한 세밀한 연구로 촉발되어 후기 이슬람 학자들에 대한 연구 논문이 쏟아져 나오기 시작했다. 알 투시, 알 우르디, 알 샤티르 등 후기 이슬람 학자들이 남긴 문헌에 대한 연구가 거듭되면서 이들이 만들어낸, 프톨레마이오스 체계와는 다른 우주 체계에 대한 연구 성과를 코페르니쿠스가 볼 수 있었다는 주장이 설득력을 얻게 되었다.

코페르니쿠스의『논평』에 실린 행성의 경도 모델은 모두 알 샤티르의 모델에 근거한다. 반면에『천구의 회전에 관하여』의 외행성 모델은 알 우르디와 알 시라지의 모델과 같고, 내행성 모델에서의 작은 주전원은 알 샤티르 모델의 회전하는 이심원에 대응된다.『논평』과『천구의 회전에 관하여』모두 달 모델은 알 샤티르와 동일하고, 결국 두 문헌에서 코페르니쿠스는 이슬람의 선대 학자들과 똑같이 프톨레마이오스 모델의 물리적 문제를 다루고 있음을 분명히 하고 있다. 이러한 문제와 관련하여 코페르니쿠스의 해결책이 이들과 동일했다는 것은 명백하다. 그러므로 그가 마라가 학파의 이론에 대해 배웠는지 여부가 아니라, 언제, 어디서, 어떤 형태로 배웠는지가 문제이다.[4]

코페르니쿠스가 이슬람 후기 학자들의 연구물에 대해 배웠는가에 대해 의문을 품을 필요조차 없다는 의견을 가진 학자들은 달이나 행성들의 궤도의 모양, 위치 등에 대한 두 천체 모델이 너무 유사해서 코페르니쿠스가 독립적으로 발명하기는 거의 불가능하다고도 이야기한다. 특히, 달과 수성에 대한 알 샤티르의 모델과 코페르니쿠스의 모델의 유사성에 매우 주목한다.

언제, 어디서, 어떤 형태로 배웠는가를 밝히기 위해 비잔틴 제국에서 바그다드나 다마스쿠스를 거쳐 이탈리아로 전해진 문헌들, 안달루스에서 파리, 로마로 전해져 바티칸 박물관을 비롯한 유럽의 여러 박물관에 보관되어 있는 라틴어나 그리스어 필사본, 인쇄본들이 지금도 세밀하게 비교·연구되고 있다.

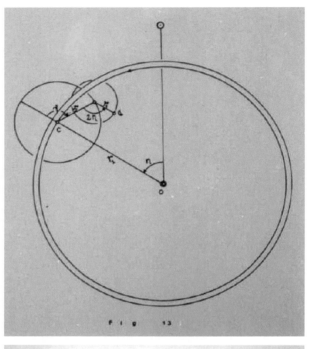

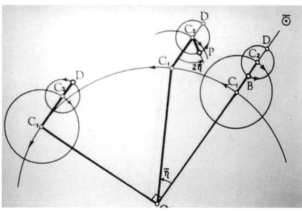

[그림 4-4] 달에 대한 알 샤티르의 모델(위쪽)과 코페르니쿠스의 모델(아래쪽)이 매우
비슷함을 설명하는 조지 살리바의 연구[5]

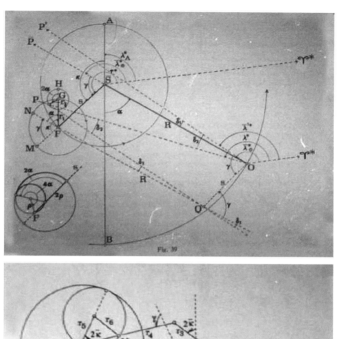

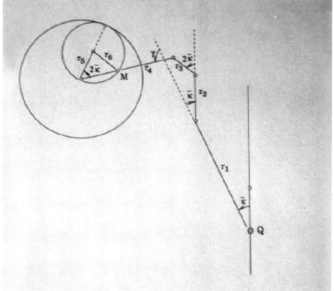

[그림 4-5] 수성에 대한 알 샤티르의 모델(위쪽)과 코페르니쿠스의 모델(아래쪽)이 매우 비슷함을 설명하는 조지 살리바의 연구

투시 커플이 실린 문헌도 그리스어로 된 비잔틴 사본에서 발견되었는데, 1453년 콘스탄티노플이 함락된 후 이탈리아로 옮겨졌다고 본다. 이런 정황들은 15세기 말 16세기 초에 이탈리아가 그리스어 문헌들이나 주석서들을 찾는 사람에게는 최적의 장소였다는 사실을 알려주는데, 코페르니쿠스는 젊은 시절 이곳에서 10여 년을 공부했다.

당시 교육받은 르네상스 학자들은 그리스어도 배웠다. 이탈리아에서 10여 년을 공부한 코페르니쿠스도 그리스어를 알았다고 한다. 그러나 코페르니쿠스가 아랍어를 알았다는 구체적인 증거는 없고 이 시기에는 아랍어 문헌들을 라틴어로 번역하는 일은 멈춘 상태였다. 그러면 아랍어 문헌을 읽을 수 없었을까? 그렇지 않다는 연구들이 있다. 당시 최신 연구물이라고 할 수 있는 13세기 이후의 것들은 번역되지 않은 채 아랍어 그대로 회람되었는데, 이것을 읽고 동료들에게 알리고 토론하며 이론적 토대를 재구성하려는 학자들도 있었고, 강의에서 이것을 학생들과 나누는 학자들도 있었다. 그중 몇 명을 소개해보자.[6]

안드레아 알파고스(?~1520년)는 아랍어를 배우기 위해 시리아로 갔다. 그는 베네치아 출신의 의사로 다마스쿠스에서 30년을 보내는 동안 아비센나의 철학과 의학뿐만 아니라 다른 아랍 학자들의 문헌들도 다시 라틴어로 번역할 수 있을 정도로 아랍어를 배웠다. 안드레아의 번역본은 지금도 볼로냐 대학교에 보관되고 있는데, 안드레아가 파도바 대학에서 의학을 가르친 시기는 코페르니쿠스가 근처인 페라라 대학에서 교회법을 공부하던 시기와 일치한다.

히브리어와 아랍어를 할 줄 알았던 프랑스인 기욤 포스텔은 1536년 프랑스 왕국과 오스만 제국이 협상을 체결할 때 동행하게 된다. 통역 이외에도 동양의 문헌들을 수집하는 임무도 맡고 있었다. 포스텔이 주석을 단 문헌이 두 개 전해지는데, 하나는 파리 국립도서관, 또 하나는 바티칸 도서관에 보관되어 있다. 파리에 보관된 문헌에는 1536년 콘스탄티노플에서 구입했다는 서명도 있는데, 천문학에 관한 이 문헌의 여백 군데군데 써 있는 포스텔의 주석은 이 문헌을 매우 면밀하게 연구했음을 보여주는 증거이다. 바티칸에 보관된 문헌은 알 투시의 것이다. 대학에서 수학과 동양어를 가르치던 포스텔은 한 번 더 동쪽으로 여행했는데, 그가 가지고 돌아온 문헌들은 17세기부터 대규모 도서관을 갖춘 네덜란드의 레이던 대학 도서관에도 보관되어 있다.

포스텔의 사례에서 알 수 있듯이, 코페르니쿠스와 동시대인들 중에는 아랍 천문학 문헌을 매우 정교한 수준으로 읽고 이해할 수 있는 학자들이 있었다. 영국의 보들리언 도서관, 피렌체의 로렌티안 도서관 등 유럽의 여러 도서관에 보관되어 있는 수많은 문헌들에는 포스텔의 것과 비슷한 주석이 달려 있기도 하고 행간에 번역문이 쓰여 있기도 하다. 이 문헌들은 아랍어로 쓰인 지식이 굳이 라틴어로 번역되지 않고도 유럽의 지식 세계 안에 들어올 수 있었음을 보여준다.

또 한 명의 삶을 들여다보자. 오스만 제국 통치하의 터키에서

[그림 4-6] 여백에 포스텔의 주석이 실린 문헌

태어난 이그나티우스 니마탈라는 시리아 정교회의 총대주교였던 1577년 우여곡절 끝에 베네치아로 탈출하여 가톨릭으로 개종했다. 그는 오마르 카얌을 포함한 저명한 아랍 천문학자들의 문헌들을 가져왔는데, 이 문헌들을 메디치 출판사에 기증하는 조건으로 이사로 임명되었다. 그는 아랍어를 가르치며 수학에 관심이 있던, 메디치 출판사의 실질적 운영자이자 소유자가 되는 잠바티스타 라이몬디의 가장 학식 있는 동업자가 된다. 최초로 아랍어로 인쇄된 책 중의 일부가 여기서 출판되었다. 기록에 의하면, 처음으로 출판된 여섯 권의 책 중에 한 권은 아랍어로 된 성경 1,500부, 또 한 권은 알 투시가 쓴 유클리드의 『원론』의 수정본 3,000부이다.

동방으로 지식을 찾아갔던 안드레아 알파고스와 포스텔, 동방에서 책을 싣고 유럽으로 넘어온 이그나티우스 니마탈라. 이들의 사례가 특별하지는 않다. 더 많은 사례를 찾을 수 있다. 더구나 유럽 도서관에서 먼지를 뒤집어쓴 채 잠자고 있는 수많은 아랍어 문헌들이 연구되면 아랍어 지식이 르네상스 유럽으로 전승된 흔적이 좀 더 뚜렷해질 것으로 본다.

코페르니쿠스의 스승들

서구 유럽에서 천문학에 관한 논문이 나오기 시작한 때는 15세기 중반부터로 볼 수 있다. 바로 게오르크 포이에르바흐와 그의 제자 요하네스 뮐러(레기오몬타누스라고도 한다) 등에 의해서이다. 레기오몬타누스는 코페르니쿠스의 스승인 도미니코 노바라의 스승이기도 하다. 코페르니쿠스가 태양중심설의 혁신적인 이론을 간단하게 설명한 책자 『논평』을 지인들에게 돌린 1514년까지의 몇십 년 동안 천문학의 흐름을 살펴보자.

프톨레마이오스의 『알마게스트』의 라틴어 번역본은 15세기 중반부터 나오기 시작했는데, 코페르니쿠스는 1496년에 출판된 『알마게스트 요강』을 보았다고 알려져 있다.[7] 이 책은 포이에르바흐가 라틴어로 번역하기 시작하고 레기오몬타누스가 끝낸 책인데, 전체를 번역하지는 않았지만 그 이전 라틴어 번역본과는 달리 훨씬 정교하게 내용을 옮기며 수정한 혁신판으로 알려져 있다.[8] 포이에르바흐와 레기오몬타누스가 이 책을 번역하게 된 것은 바실리오스 베사리온 덕분이다. 베사리온은 비잔틴 제국에서 고대 그리스 철학을 공부한 학자로 1453년 콘스탄티노플 함락 이후에는 이탈리아에 머물며 고전 번역과 저술 활동을 통해 르네상스 인문주의의 중심인물이 된 사람이다. 베사리온이 교황 사절단으로 빈에 갔을 때, 포이에르바흐에게 『알마게스트』의 정확한 번역을 요청했고 이를 기쁘게 받아들인 포이에르바흐는 레기오몬타누스와 함께 『알마게스트』 번역 작업을 하게 되었다.

최근의 연구는 포이에르바흐가 프톨레마이오스의 행성 모델을 정교화하기 위해 알 투시와 알 샤티르의 방법 중 일부를 사용했을 수도 있다고 본다. 만약 그렇다면, 거의 틀림없이 레기오

[그림 4-7] 『알마게스트 요강』의 그림. 프톨레마이오스와 레기오몬타누스가 지구 중심의 혼천의 아래 앉아서 이야기를 나누고 있다.

몬타누스도 알고 있었을 것이다. 레기오몬타누스는 아리스타르코스의 태양중심설에 각별한 관심을 드러낸 원고를 남겼으며 한 지인에게 보낸 편지[9]에서는 별의 운동이 지구의 [공전] 운동 때문이라고 추측한 문구도 남겼다. 또한 태양이 행성들의 운동을 지배한다고 설명하는 글도 남겼다.

레기오몬타누스는 베사리온을 따라 이탈리아로 와서 그리스어 필사본을 수집하고 그리스어를 배우며 6년을 머물렀다. 이후 5년간 헝가리의 대학에 머물면서 동방에서 들어오는 고대 문헌들도 모았다.

레기오몬타누스는 1471년 독일의 뉘른베르크에 자리 잡았다. 뉘른베르크는 네덜란드 남부와 베네치아를 잇는 상업 도시로 금속 가공, 인쇄술 등의 기술이 유럽에서 가장 발달한 도시였다. 레기오몬타누스는 이곳에서 관측 기기 제작 공방이 딸린 천문대를 세워 정밀한 관측을 바탕으로 천문학 이론을 재구축하고자 했다. 이 천문대에서의 관측 기록에 근거하여 레기오몬타누스는 『천체력』을 출간한다. 제자인 베른하르트 발터는 레기오몬타누스 사후에도 장기간에 걸쳐 체계적인 관측을 계속 해나갔다. 춘분, 하지, 일식, 월식 등과 같은 특정한 때만이 아니라 지속적인 추적 관찰은 행성의 정확한 이론을 발견할 수 있는 매우 중요한 일임을 알고 있었던 것으로 보인다. 코페르니쿠스는 『천체의 회전에 관하여』 V권 30장에서 수성의 운동을 다룰 때 발터가 관측한 1491년 9월 9일 자정에서 5시간 지난 후 수성의 위치를 인용했다.

레기오몬타누스는 기존 인쇄 기술의 한계를 느꼈던 것으로 보인다. 특수 기호, 그리스 문자, 도표와 그림 등을 정확히 표현할 수 있는 수학 서적과 천문학 서적을 전문으로 출판하기 위해 인쇄기도 설치하고 야심 찬 출판 계획도 세웠다. 첫 번째 책은 스승인 포이에르바흐의 『행성의 신이론』이었고 두 번째 책은 자신의 『천체력』으로 1474년에 1475년부터 1506년까지 주요 천체의 위치를 예측한 것이다. 레기오몬타누스의 『천체력』은 당시 유일하게 인쇄된 책력이었다. 이 책력은 빠르게 퍼져나가 대학 강의에서도 사용되었고 항해사들의 손에도 들어갔다. 날씨가 행성들의 배치에 의해 결정된다고 믿고 있던 콜럼버스가 여백에 폭풍 등 날씨를 기록하면서 사용한 『천체력』이 현재 세비야 성당의 도서관에 보관되어 있다. 기록에 의하면, 이 책력은 콜럼버스가 항해를 성공적으로 마칠 수 있는 결정적인 계기를 제공했다. 콜럼버스가 1504년 네 번째 항해 도중에 자메이카에 좌초했을 때의 일이다. 해를 넘기며 체류하게 되자 선원들과 원주민들 사이에 갈등이 생겨났다. 콜럼버스는 이 책력에 예측된 대로 개기월식을 예언하며 원주민들을 협박했는데, 예언한 날, 달이 붉게 물들며 월식이 일어나자 놀란 원주민들은 기독교 신을 달래려고 다시 지원을 하게 되었다고 한다.[10]

유클리드의 『원론』을 포함해서 아르키메데스, 아폴로니오스, 프톨레마이오스 등의 문헌을 다시 번역·출판하려는 레기오몬타누스의 계획은 1475년 너무 이른 뜻밖의 죽음으로 실현되지 못했다. 마찬가지로 그가 태양중심설의 이론에 이르렀다는 추

측도 추측만으로 남게 되었다.[11]

　레기오몬타누스의 전통은 르네상스 인문주의자들의 흐름과 함께 당시 대학에 매우 생생하게 퍼져 있었다. 코페르니쿠스가 천문학을 배운 주요한 두 명의 스승도 모두 레기오몬타누스의 제자이다. 크라쿠프(폴란드 왕국의 수도)의 불제프스키와 볼로냐의 노바라. 특히, 노바라는 신플라톤주의의 메카였던 피렌체에서 공부한 대표적인 신플라톤주의 천문학자였다. 노바라는 프톨레마이오스 체계와는 다른 우주 체계를 고안하고자 애쓴 것으로 보인다. 그가 쓴 책이 남아 있지 않아 정확히 알 수는 없으나 태양중심사상을 가진 신플라톤주의로서 아리스타르코스와 비슷한 태양중심설도 고려한 것으로 보인다.[12]

뒤집힌 우주

ㅇ　　　　　　알 투시가 수학과 관찰을 이용해서 지구가 움직이고 있는지 정지해 있는지, 어느 것이 사실인지 증명할 수 있는 방법은 없다고 주장한 이후, 많은 천문학자들이 관측을 통해 지구의 상태에 대해 논증할 수 있는지 논쟁을 벌여왔다.

티무르 제국 사마르칸트 천문대의 주요 인물이었다가 술탄 울루그 베그가 암살당한 후 오스만 제국으로 피해 와서 활동한 알리 쿠시지는 이들과 입장이 달랐다. 알리 쿠시지는 천문학을 관측 또는 자연학에서 독립시켜 수학적으로 다룰 수 있다고 생각했다. 이슬람 천문학 안에는 이미 이런 흐름이 싹터 있었다. 예를 들어, 알 투시는 원동자라는 궁극적인 원인에 의존하지 않는 방식으로 천체 운동의 등속성에 대한 비판적 원리를 제시했다. 오로지 투시 커플이라는 수학적인 장치로 등속운동을 설명해낸 것이다. 알리 쿠시지도 천문학을 순수하게 경험적이고 수학적으로 연구하는 길로 나아갔다. 아리스토텔레스의 우주관에 대한 대안을 수학적으로 탐구해나갔다.

알리 쿠시지는 혜성을 관찰하여 지구가 회전한다는 경험적 증거를 찾아냈고, 이에 근거하여 지구가 움직이고 있다는 이론을 세워도 지구가 정지해 있다는 이론만큼이나 사실일 가능성이 크다는 결론을 내렸다. 지구가 회전한다고 가정해도 거짓이 아니라는 주장이었다. 알리 쿠시지는 한 걸음 더 나아가 천문학자는 아리스토텔레스의 자연학을 필요로 하지 않는다면서 천문학을 자연학에서 분리해냈다. 아리스토텔레스의 자연학에 대한 거부와 함께 알리 쿠시지는 천체가 등속원운동으로 움직인다는 아리스토텔레스의 개념에 따라야 할 필요가 없다고 주장했다. 천문학을 순수하게 경험적이고 수학적으로 연구될 수 있게 했다. 이것은 '개념적인 혁명'이었다.[13]

부동의 지구가 우주 중심에 있다고 여기던 시절을 지나 지구가 움직인다고 해도 수학적으로 모순이 없는 시절이 왔다. 알 투시와 알리 쿠시지와 같은 후기 이슬람 학자들이 1,400여 년 동안 천문학을 묶고 있던 아리스토텔레스의 자연학의 쇠사슬을 끊어낸 것이다.

알리 쿠시지는 레기오몬타누스보다 30년 정도 앞선 동시대의 사람이다. 알리 쿠시지의 '개념적인 혁명'이 레기오몬타누스를 통해서 코페르니쿠스에게로 전해졌을까? 명백한 증거는 없지만, 레기오몬타누스와 포이에르바흐가 출판한 『알마게스트 요강』에는 알리 쿠시지가 수성의 운동을 설명한 천문학책의 그림과 똑

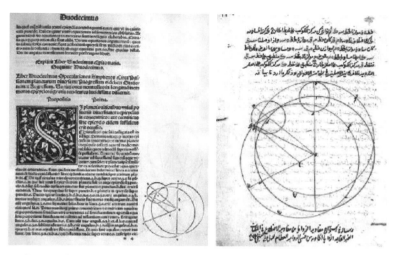

[그림 4-8] 레기오몬타누스와 포이에르바흐의 『알마게스트 요강』 n4r(왼쪽)와 알리 쿠시지의 『Risāla fī anna aṣl al-khārij yumkinu fī al-sufliyayn』 MS 2060, f. 137a(오른쪽)의 그림이 거의 같다.[14]

같은 그림이 실려 있어 알리 쿠시지의 연구를 레기오몬타누스가 알았을 가능성을 보여준다.

코페르니쿠스가 따라간 사람들

코페르니쿠스는 태양을 우주의 중심에 둔 우주 체계를 생각했다. 코페르니쿠스가 명시적으로 언급한 이유는 1543년에 출간한 『천구의 회전에 관하여』의 교황 바오로 3세에게 쓴 서문에 나와 있다.

첫째, 천문학자들은 태양과 달의 운동에 대해 확신이 없어서 계절을 기준으로 하는 1년의 길이를 정하지도 못하고 관측하지도 못합니다. 둘째, 태양과 달뿐만 아니라 다섯 행성의 운동을 묘사할 때 천문학자들은 겉보기 운동과 회전에 대해 같은 원리, 같은 가정, 같은 설명을 사용하지 않습니다. 어떤 사람들은 동심원만을 사용하고 다른 사람들은 이심원과 주전원을 사용합니다. 그러나 여전히 목표에 도달하지는 못합니다.

천문학자들의 연구가 서로 일치하지 않는다는 깨달음 때문에 천구의 운동을 다르게 설명한 사람들에 대해서 알아보았다고 했다. 크라쿠프와 볼로냐에서 두 스승에게서 배운 태양을 중심에 둔 학설을 주장한 여러 명의 고대 그리스 철학자들과 천문학자들이 코페르니쿠스에게 돌파구가 될 수 있었다. 그는 『천구의 회전에 관하여』의 교황에게 보내는 서문에 다음과 같이 썼다.

그래서 저는 학교에서 가르치는 것과는 다르게 천구의 운동을 제안한 사람이 있었는지 알아보기 위해 제가 구할 수 있었던 모든 철학자들의 책을 다시 읽어보았습니다. 그리하여 저는 처음으로 키케로의 책에서 히케타스가 지구는 움직인다고 생각했다는 것을 찾아냈습니다. 그리고 플루타르코스의 책에서 그와 같은 견해를 가진 사람들이 더 있다는 것을 발견했습니다. 저는 플루타르코스의 말을 여기에 옮겨 적어 모든 사람들에게 알리겠다고 결심했습니다.

이어지는 플루타르코스의 인용문에는 피타고라스 학파인 필롤라오스는 지구가 태양과 달처럼 원 안에 있는 불 주위를 돈다고 믿었고, 피타고라스 학파인 헤라클리데스와 에크판토스는 지구가 전진 운동을 하지 않고 축을 중심으로 서에서 동으로 마치 바퀴처럼 자전하고 있다고 주장했다는 사실이 기록되어 있다. 코페르니쿠스는 이들 기록에 근거해서 지구가 움직인다고 생각하기 시작했다고 밝혔다. 그는 『천구의 회전에 관하여』 I권 5장에서 지구는 원운동을 하는가, 그 위치는 어디인가를 다루면서도 다시 한번 위 학자들을 거론하며 지구가 우주의 중심에 있지 않다는 이야기를 한다.

만약 지구가 자신의 축을 중심으로 회전하는 것 말고도 다른 운동을 한다면, 그 운동은 연주 운동*을 하는 바깥의 많은 운동들과 비슷해야 할 것이다. 태양을 정지시키고 태양의 운동을 지구로 넘긴다면, 별들이 아침저녁으로 뜨고 지는 것은 변하지 않겠지만, 행성들이 정지하는 점과 역행과 순행은 그들의 운동 때문이 아니라 지구의 운동 때문에 일어나는 것으로 간주될 것이며, 그들의 겉보기 운동은 이를 반영할 뿐인 것이 된다. 결국 우리는 태양을 우주의 중심에 놓아야 할 것이다.

---

* 연주 운동은 지구의 공전 운동 때문에 천체가 1년을 주기로 지구의 둘레를 한 바퀴 도는 것처럼 보이는 현상을 말한다.

태양이 아니라 지구가 움직인다고 말한 사람들

필롤라오스, 히케타스, 에크판토스, 헤라클리데스는 피타고라스의 후계자들이다. 이들은 모두 기원전 5세기, 4세기 무렵에 활동했던 학자들로 이들에 대해서 우리가 알고 있는 것들의 1차 자료는 대체로 이들로부터 100여 년이 훨씬 지난 후에 쓰인 글들을 참고하여 기원후 3세기 무렵의 전기 작가인 디오게네스 라에르티오스, 신플라톤주의자로 지금의 레바논 지역인 티레에서 태어난 포르피리오스와 시리아 지역에서 태어난 이암블리코스가 남긴 자료들이다.

다행히 헤라클리데스에 대한 자료는 두 가지가 전해진다.[15] 서기 100년 무렵의 철학자 아에티우스는 『철학자들에 대한 의견』에서 "피타고라스 학파인 헤라클리데스와 에크판토스가 지구가 자신의 축을 중심으로 서쪽에서 동쪽으로 회전한다고 주장한다."라고 전한다. 6세기의 아리스토텔레스 주석가인 심플리키우스●는 아리스토텔레스의 학설과 다른 학자들의 학설을 비교하여 다른 학자들에 대한 자료를 많이 남긴 편이다. 심플리키우스의 『아리스토텔레스 천체론 주석』에 의하면 "헤라클리데스와 아리스타르코스와 같은 몇몇 사람들은 하늘과 별들은 머물러

● 심플리키우스: 6세기 그리스의 철학자이자 아리스토텔레스 연구자. 갈릴레오의 『대화: 천동설과 지동설, 두 체계에 관하여』에서 아리스토텔레스를 대변하는 역할을 하는 인물이다.

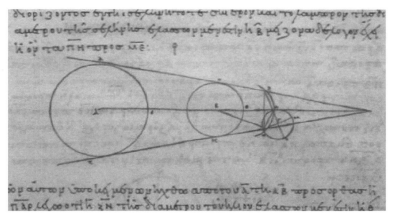

[그림 4-9] 월식을 이용하여 아리스타르코스가 태양, 지구, 달의 크기와 거리의 비를
구하는 그림으로 10세기 그리스 사본에 실린 그림이다.

있고, 반면에 지구는 적도의 극점을 중심으로 서쪽에서 동쪽으
로 하루에 한 바퀴씩 회전하고 있다고 가정하면 현상을 구할
수 있다고 여겼다."라고 전한다. 심플리키우스는 이어서 아리스
타르코스에 대한 기록을 더 남겼는데, 헤라클리데스보다 두 세
대 정도 아래인, 알렉산드리아에서 활동했던 아리스타르코스는
지구가 자전할 뿐만 아니라 태양 주위를 1년에 한 바퀴씩 공전
하는 이중의 운동을 하고 있음을 주장했다.

　아리스타르코스는 기원전 3세기의 학자이다. 그의 책 중에
남아 있는 것은 『태양과 달의 크기와 거리에 관하여』뿐이다.
이 책에서 그는 달이 반달일 때 지구와 달과 태양이 직각삼각형
을 이루는데 달과 태양의 겉보기 크기가 거의 같아 보이기 때
문에 태양이 달보다 약 19배 멀리 있다고 추론했다. 또, 월식 때

달의 표면을 지나가는 지구의 그림자에서 달과 지구의 크기의 비를 구하여 결과적으로 태양은 지구의 6.7배, 지구는 달의 2.85배, 지구에서 태양까지의 거리는 지구 반지름의 380배, 지구에서 달까지의 거리는 지구 반지름의 20배임을 구했다. 지금 우리가 알고 있는 실제 값과는 차이가 나지만, 태양처럼 거대한 천체가 작은 지구를 돌아야 한다는 사실에 의문을 품기에는 충분한 값이었다.

지구가 태양 주위를 돈다는 아리스타르코스의 이론을 담은 책은 전해지지 않는다. 다만, 그와 같은 시대를 산 아르키메데스가 남긴 책에서 아리스타르코스의 주장을 찾아볼 수 있다. 아르키메데스가 쓴 『모래알을 세는 사람』은 우주를 모래알로 가득 채운다면 몇 개의 모래알이 필요할까를 다룬 짧은 논문으로 라틴어로 번역되어 전해졌다. 이 글은 겔론 왕에게 보내는 편지 형식인데, 사람들은 그렇게 많은 모래알은 무한하다고 생각하겠지만, 시라쿠사(도시 이름) 아니 우주 전체를 모래알로 채운다고 하더라도 셀 수 있다는 말로 시작한다. 개수가 많다는 것과 무한이라는 것은 엄연히 구분되어야 하고 큰 수의 이름을 정하는 방법을 생각해낸다면 아무리 많은 모래알이라도 셀 수 있다는 주장이다. 이 글에서 아르키메데스는 우주를 채울 모래알의 개수를 세기 위하여 지금의 거듭제곱과 같은 방법으로 점점 큰 수를 표현하는 방법을 설명해나간다. 그럼, 모래알로 채울 우주는 얼마나 클까, 이 장면에서 아리스타르코스의 우주론을 소개한다.

당신은 대부분의 천문학자들이 말했듯이 '우주'는 지구의 중심을 중심으로 하고 반지름이 태양의 중심과 지구의 중심을 이은 직선의 길이와 같은 구에 붙인 이름이라고 알고 있습니다. 천문학자들로부터 듣는 일반적인 설명입니다. 그러나 사모스의 아리스타르코스는 우주가 흔히 말하는 것보다 훨씬 더 크다는 결과로 이어지는 몇 가지 가설로 구성된 책을 가져왔습니다. 그의 가설에 따르면, 태양은 항성 천구의 한가운데에 놓여 있으며 항성과 태양은 움직이지 않고 지구는 태양 주위를 원을 그리며 돌고 있습니다. 지구 궤도의 크기와 항성 천구의 크기의 비가 지구 크기와 지구 궤도의 크기의 비와 같다고 할 정도로 항성 천구는 매우 크다고 합니다.[16]

아르키메데스가 말한 것처럼, 아리스타르코스는 자신의 가설이 항성 천구가 어마어마하게 멀리 있음을 암시한다는 것을 깨달았다. 지구가 태양 주위를 움직임에도 불구하고 연주시차([그림 4-10] 참고)가 측정되지 않는 이유는 별이 너무나 멀리 있기 때문이라고 생각했다. 그러나 다른 사람들은 연주시차가 측정되지 않으니 지구는 움직이지 않는다고 말했다. 연주시차가 처음으로 측정된 때는 1838년으로 독일의 천문학자 베셀이 '헬리오미터'라는 도구를 이용하여 백조자리 61번 별의 연주시차가 0.314초임을 발표했다.

여러 고대 문헌에 아리스타르코스의 태양중심설에 관한 조각글이 등장한다. 플루타르코스는 『플라톤의 질문』에서 아리스타

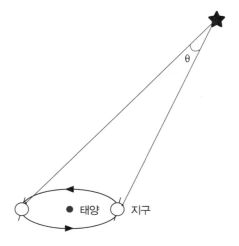

[그림 4-10] 지구가 태양을 중심으로 도는 동안 지구와 별을 잇는 직선을 생각하면 천
구상에서 별의 겉보기 위치는 6개월 동안 각도 θ만큼 움직여야 한다. θ의 절반을
별의 '연주시차'라고 한다.

르코스와 셀레우코스*가 지구가 자전하면서 태양을 중심으로
공전하고 있다고 말했다고 기록했다. 또, 『달의 궤도의 표면에
대하여』에서는 클레안테스**가 지구를 움직인 혐의로 아리스타
르코스를 기소해야 한다고 말했다고 기록했다.[17]

아르키메데스의 『모래알을 세는 사람』은 여러 문헌에 재인용
되었고 라틴어로 번역되었으니 코페르니쿠스는 아리스타르코스

● 셀레우코스는 헬레니즘을 계승한 셀레우코스 제국의 천문학자이자 철학자로,
히파르코스와 동시대인이다.

●● 클레안테스는 고대 그리스의 철학자로 스승 제논의 뒤를 이어 스토아 학파의 영수가
되었다.

의 태양중심설을 알고 있었을 것이다. 코페르니쿠스의 처음 원고에는 아리스타르코스를 언급했다. 그런데 나중에 지운 흔적이 남아 있다. 왜 지웠을까? 사실 코페르니쿠스 당시나 그 이후에도 오랫동안 이전 거인들의 업적에 대한 기록을 누락시키는 일은 생각보다 빈번하게 일어났음을 우리는 너무나 잘 알고 있다.

지구가 움직인다는 주장은 인도에서도 보인다. 인도의 아리아바타는 510년경 수학과 천문학에 대한 책 『아리아바티야』를 썼는데, 4장에서 삼각법과 일식 계산과 관련된 문제와 함께 지구의 자전에 대해 서술했다. 그러나 바스카라, 브라마굽타 등 아리아바타의 책에 대한 주석서를 펴낸 다른 학자들은 물리적인 이유로 지구의 운동을 비판했다. 브라마굽타의 생각을 『시단타』에서 읽어보자.

> 어떤 사람들은 첫 번째 운동(동쪽에서 서쪽으로 가는)이 천체가 아니라 지구의 운동이라고 주장합니다. 그러나 바라하미히라는 다음과 같이 그들의 주장을 반박합니다. "지구가 회전한다면 새는 서쪽으로 날아오르자마자 둥지로 돌아오지 못한다." 그의 말이 맞습니다. 〈중략〉 아리아바타의 추종자들은 땅이 움직이고 하늘이 쉬고 있다고 주장합니다. 사람들은 만약 그렇다면 돌과 나무가 지구에서 떨어져나갈 것이라고 말하면서 그들을 반박해왔습니다.[18]

지구가 자전한다면 날아오른 새가 자기 둥지로 돌아오지 못할 거라는 생각이나 돌과 나무가 지구에서 떨어져나갈 것이라는 생각은 프톨레마이오스 당시에도, 갈릴레오 때에도 지구의 운동을 거부하는 사람들에게서 공통적으로 보인다. 그러나 유클리드의 『광학』과 아리아바타의 『아리아바티야』와 같이 배에 타고 있는 사람은 배가 움직이는지 강변이 움직이는지 판단하기 어렵다는 운동의 상대성에 대해서 꾸준히 다루어온 것도 사실이다.

『아리아바티야』는 820년에 알 콰리즈미에 의해 아랍어로 번역되어 인도의 학자뿐만 아니라 이슬람 학자들에 의해서도 주석서가 꾸준히 편찬되면서 인도와 이슬람 세계에 엄청난 영향을 미쳤다. 지구의 운동에 대한 논의는 이슬람 천문학에서도 계속되었다. 알 비루니는 가즈니 왕조의 술탄 마흐무드가 인도 원정을 갈 때 따라가서 몇 년 살았던 것으로 전해진다. 그때 보고 들은 인도의 과학, 종교, 문학, 관습 등 모든 것을 담은 『알 비루니의 인도』에서 인도의 천문학에 대한 광범위한 논평을 썼다.

지구의 회전은 천문학에 영향을 미치지 않습니다. 천체의 모든 겉보기 운동이 다른 이론과 마찬가지로 이 이론에 의해서도 설명될 수 있기 때문입니다. 그러나 이를 불가능하게 하는 다른 이유가 있습니다. 이 질문은 해결하기가 가장 어렵습니다. 오늘날의 천문학자들은 물론 고대의 저명한 천문학자들은 지구의 운동에 대한 문제를 깊이 연구하고 반박하려고 시도했습니다. 우리도 이 주제에 관해서 『천문학의 열쇠』라는 책

을 썼습니다. 이 책에서 우리는 이에 관련된 모든 문제들에서 앞선 학자들을 능가했다고 생각합니다.[19]

알 비루니가 지구의 운동에 대해 전 시대의 학자들을 능가하는 내용을 담았다는 『천문학의 열쇠』는 전해지지 않는다. 알 비루니의 다른 책 『천문학과 별에 관한 마수드의 캐논』에는 페르시아의 천문학자 알 시즈지가 만든 아스트롤라베가 지구의 회전을 전제로 만든 것이라며 지구 자전에 대해 호의적으로 말한 기록이 있다. 이 책에서도 알 비루니는 움직이는 것을 태양으로 택하든 지구로 택하든 수학적으로 동등하기 때문에 어느 이론을 택할 것인가는 물리적인 문제라고 했다. 동일한 이론이 중심에 고정된 지구에 의해서도 또는 움직이는 지구에 의해서도 설명될 수 있지만, 다만 지구가 엄청난 속력으로 움직여야 해서 이를 불가능하다고 생각했다.

태양과 지구의 기하학적인 전환

코페르니쿠스의 태양중심설은 우주의 중심을 지구에서 태양으로 바꾼 기하학적인 전환이다. 앞에서 알 샤티르와 코페르니쿠스의 천체 모델이 기하학적으로 동치라고 말한 이유가 바로 이것이다. 두 사람의 모델은 태양과 지구의 위치를 바꾸었을 뿐이다. 태양을 중심에 둔다고 해서 태양과 행성들의 체계에 대해

규명했다고 보기는 어렵다. 고대에 천구의 중심에 태양을 놓은 사람들이 지구가 움직인다는 설정에 따라오는 현실적인 문제들을 해결하지 못해 설득력이 약했던 것처럼 코페르니쿠스의 태양중심설도 태양이 중심에 있어야 할 이유, 즉 태양과 행성들 사이의 역학 관계를 설명하지 못했기 때문에 가설 이상으로 힘을 갖기는 어려웠다. 태양과 행성들의 상호 관계는 수십 년이 더 흐른 뒤, 케플러에 의해 실마리가 풀리게 된다. 본격적인 태양중심설은 케플러에 의해 시작되었다고 해도 과언이 아니다.

그럼에도 불구하고 이 기하학적인 전환은 인간이 우주를 이해하는 데 있어서 비약적인 내디딤이다. 코페르니쿠스의 머릿속에는 어떤 생각이 있었을까?

코페르니쿠스는 지구를 우주의 중심에 놓게 되면 무한히 많은 천구가 필요하지만 태양을 중심에 놓으면 많은 문제가 해결된다고 말하면서 『천구의 회전에 관하여』I권 10장에서 "불필요하거나 쓸모없는 것을 하나도 만들어내지 않으면서 많은 효과를 하나의 원인으로 설명하는 자연의 지혜에 귀를 기울이는 것이 낫다."라고 쓰고, 교황에게 바치는 서문에서 "가장 훌륭하고 가장 질서 정연한 창조자가 우리를 위해 만든 기계적 세계의 운동에 대해서"라고 씀으로써 진리는 단순한 것이라는 생각, 우주는 조화롭게 만들어졌다는 생각을 갖고 있음을 내비치는데, 이는 신플라톤주의자들의 견해였다. 그들은 자연 세계에 나타나는 기하학적인 단순성에 공감했다. 여기에는 피타고라스 이래 수에 신비한 성질을 부여한 흐름도 포함된다. '신플라톤주의'는

3세기 철학자 플로티노스가 플라톤 사상에 아리스토텔레스 철학, 스토아 철학, 피타고라스 사상 등 온갖 고대 사상을 통합한 독특한 신비주의 사상이다. 플로티노스의 제자들은 스스로를 '플라톤 학파'라고 불렀지만, 19세기에 후대의 학자들이 플라톤과의 차이를 강조하려고 '신플라톤주의'라는 이름을 붙였다.

코페르니쿠스가 어떻게 태양을 우주의 중심으로 옮길 생각을 했을까? 그 근본적인 배경에는 이집트의 헤르메스 철학이 있다. 1471년 피렌체에서는 『헤르메스 대전』이라는 책이 번역된다. 헤르메스 철학을 통해 고대의 지혜를 접한 코페르니쿠스는 『천구의 회전에 관하여』 I권 10장에 태양을 우주의 중심에 두게 된 이유를 밝혔다. 이 책의 I권 10장까지는 수학을 사용하지 않고 우주와 지구의 모양과 크기에 대해, 천구의 운행 방식 등에 대해 서술했는데, 결론이라고 할 수 있는 10장에서 천구의 순서를 논하면서 다음과 같이 태양이 우주의 중심에 있음을 선언했다.

모든 것의 한가운데에 태양이 왕좌 위에 앉아 있다. 이 가장 아름다운 사원에서 이 빛나는 옥체가 전체를 한꺼번에 밝힐 수 있는 곳이 이곳 말고 어디에 있겠는가? 그는 우주의 등불, 우주의 정신, 우주의 통치자로 불리기도 하는데, 이는 상당히 적절한 이름이다. 헤르메스 트리스메기스투스는 그에게 '보이는 신'이라는 이름을 붙였고, 소포클레스의 엘렉트라는 그를 '모든 것을 보는 자'라고 불렀다. 따라서 태양은 그 주위를 돌고 있는 그의 자식들, 즉 행성들을 통치하는 왕좌에 '앉아 있다.

16세기는 신비주의의 시대라고 할 수 있다. 코페르니쿠스는 신플라톤주의, 헤르메스주의 등 신비주의의 안개에 젖은 채 우주를 새로운 방향에서 바라본 거인이다.

행성이 순서대로
늘어서다

코페르니쿠스의 『천구의 회전에 관하여』 I권 10장은 천체들의 순서를 다룬 장이다. 이 장은 항성 천구가 가장 높은 곳에 있다는 것을 의심하는 사람은 아무도 없다는 말로 시작한다. 이어 고대의 철학자들은 행성의 순서를 그 회전 주기에 따라 정했음을 전하면서 그 근거로 유클리드가 『광학』에서 증명한, 같은 속도로 움직이는 물체는 멀리 있을수록 느리게 움직이는 것처럼 보인다는 사실을 제시한다. 따라서 항성 천구 아래에는 30년에 한 바퀴 도는 토성, 그 아래에는 12년에 한 바퀴 도는 목성, 그 아래에는 2년에 한 바퀴 도는 화성이 있게 된다. 이어 코페르니쿠스는 금성은 주기가 9달이고 수성은 80일이므로 내행성의 순서는 지구 아래 금성, 금성 아래 수성으로 정해진다고 말했다.

태양 아래에 수성? 태양 위에 금성?

외행성의 순서는 고대부터 다른 의견이 없었다. 그러나 내행성의 순서에 대해서는 주장이 엇갈렸다. 금성과 수성이 다른 행성들과는 달리 태양으로부터 어느 정도 이상으로 멀어지지 않았기 때문인데, 코페르니쿠스는 I권 10장에 다음과 같이 서술했다.

어떤 사람들은 플라톤이 『티마이오스』에서 얘기한 것처럼 금성과 수성을 태양 위에 두었지만, 다른 사람들은 프톨레마이오스와 현대의 많은 이들처럼 그것들을 태양 아래에 두었다. 알 비트루지는 금성은 태양 위에, 수성은 태양 아래에 두었다.

코페르니쿠스는 이어서 플라톤이 왜 금성과 수성을 태양 위에 두었는지 그 후계자들의 이론을 설명했다. 먼저 모든 행성은 원래 자체적으로 빛을 내지 못하고 햇빛을 받아 빛난다고 하자. 어떤 행성이 태양 아래 있다면 위에서 받는 빛은 대부분 태양 쪽으로 반사되므로 지구에 있는 우리 눈에는 들어오지 못한다. 그런 행성들은 둥글게 보이지 않고 마치 반달이나 초승달처럼 이지러진 모양으로 보일 수밖에 없다. 또한 금성과 수성이 태양 아래 있다면 가끔이라도 이 행성들이 그 크기만큼 태양을 가리는 일이 생겨야 한다. 그런데 이런 일은 한 번도 관찰된 적이 없다. 그렇기 때문에 플라톤의 후계자들은 금성과 수성이 태양보다 멀리 있다고 생각했다.

위에서 지적된 현상들은 맨눈으로는 관찰하기 어렵다. 플라톤의 후계자들이 이런 일이 벌어지지 않는다고 한 지적은 망원경이 없던 당시, 어쩔 수 없는 일이었다. 그런데 『천구의 회전에 관하여』 I권 10장에서 플라톤과 알 비트루지에 이어 이슬람 학자 알 바타니와 이븐 루시드의 이론을 소개하는 글에는 이븐 루시드가 이를 맨눈으로 관찰했다고 인용했다. 코페르니쿠스는 두 학자가 태양과 달 사이의 공간이 매우 넓기 때문에 금성과 수성을 태양 아래에 두었다고 주장했다고 소개했다.

알 바타니는 금성은 수성보다는 크지만 태양의 지름이 금성의 지름보다 10배 더 커 금성은 태양의 백 분의 일 정도만 잠식할 수 있다고 생각했다. 그래서 그렇게 작은 반점은 태양이 너무 밝아 쉽게 볼 수 없다고 말했다. 그러나 『프톨레마이오스 주해』에서 이븐 루시드는 자신이 태양과 수성이 결합할 때 뭔가 검게 보이는 것을 보았다고 보고했다. 따라서 이 두 행성은 태양 아래에서 움직이는 것으로 판단된다.

금성이 태양 앞을 지나가게 되면 태양 빛을 등지게 되므로 우리 눈에는 태양을 배경으로 검은 점처럼 보인다. 코페르니쿠스에 따르면 알 바타니는 태양의 지름이 금성의 지름보다 10배 더 크므로 넓이는 100배가 되어 금성은 태양의 $\frac{1}{100}$ 만큼만 가릴 수 있다고 했다고 한다. 이렇게 작은 금성이 태양 앞을 지나더라도 태양의 밝은 빛 때문에 쉽게 보이지가 않는다는 말이다. 반면, 이븐 루시드는 수성이 태양 앞을 지날 때 검게 태양을 가리는 현상을 보았다고 한다. 그러나 코페르니쿠스는 두 사람의 추론을 신뢰할 수 없다고 말한다. 금성의 주전원의 지름은 지구에서 금성까지 가장 가까운 거리보다 6배 큰데 금성의 주전원이 이렇게 큰 공간을 만들면서 움직이지 않는 지구를 돌고 있다는 것이 말이 안 된다는 논리이다.

금성이나 수성이 태양면을 통과하는 현상을 관찰하기란 쉬운 일은 아니다. 이들이 태양에 비해 너무나 작고 태양은 엄청나게 밝기 때문이다. 실제로 이들이 아주 작은 검은 점으로 태양을 가로지르는 것을 보려면 해 뜰 때나 해 질 때 보든지 아니면 낮에는 눈을 보호할 필터와 같은 장치가 필요하다. 아마도 태양의 흑점을 잘못 본 사람도 있을 테지만, 이런 현상을 보았다는 기록이 여러 차례 등장하는 것은 수성과 금성과 같은 내행성과 태양의 관계에 대한 학자들의 관심이 끊이지 않았다는 증거이기도 하다.

금성의 태양면 통과를 본 사람들

금성이 태양의 동쪽에서 들어와서 서쪽으로 가로질러 가는 과정은 6시간 정도에 걸쳐 진행된다. '금성의 태양면 통과'라고 부르는 이 현상은 금성이 지구와 태양 사이에 일직선 위치에 있더라도 매번 일어나지는 않는다. 금성이 지구의 공전 궤도면보다 위쪽이나 아래쪽에 있으면 태양이 가려지지 않기 때문이다. 이런 이유로 금성의 태양면 통과는 8년, 105년, 8년, 122년 간격으로 되풀이된다. 반면 수성의 태양면 통과는 1년에 12~14번 정도 자주 일어난다.

이븐 루시드보다 앞서 금성·수성의 태양면 통과를 보았다는 기록이 있다. 11세기 초 페르시아의 학자 이븐 시나는 자신의 저서 『알마게스트 요약』에 금성을 "태양 표면의 작은 점"이라고 묘사했다. 그의 유명한 저서 『치유의 서』의 천문학편에 실린 글을 좀 더 자세하게 인용하자.

그러나 금성 천구와 수성 천구는 태양 천구 아래에 있다. 그러나 최근 몇몇 과학자들은 이 천구들이 태양 천구 위에 있다고 말했다. 왜냐하면 그들은 금성이 태양을 덮는 것을 볼 수 없었기 때문이다. 그러나 이 일식은 항상 일어나지는 않는다. 왜냐하면 그것들이 태양의 표면 아래로 지나가서 우리가 태양의 원반 앞에서 그것들을 볼 수 없을 가능성도 있기 때문이다. 그것은 달과 태양의 합이 일어나는 상황과 같다. 그리고 나는 말한다, 태양 표면에서 검은 점 같은 금성을 정말로 보았다.[20]

이븐 시나가 관찰 날짜와 장소를 밝히지 않았기 때문에, 그가 당시에 자신의 위치에서 금성의 태양면 통과를 관찰할 수 있었

[그림 4-11] 지구와 금성의 공전 궤도면이 교차하는 선 위에 지구, 금성, 태양이 차례로 늘어서서 금성의 태양면 통과 현상이 일어나는 경우

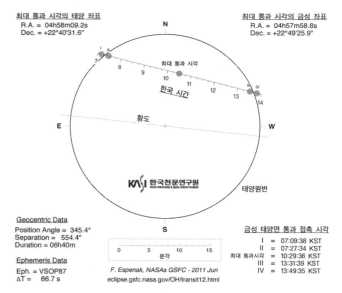

2012 금성 태양면 통과

최대 통과 시각 = 10:29:36 KST　　　J.D. = 2456084.562225

최대 통과 시각의 태양 좌표
R.A. = 04h58m09.2s
Dec. = +22°40'31.6"

최대 통과 시각의 금성 좌표
R.A. = 04h57m58.8s
Dec. = +22°49'25.9"

N

최대 통과 시각
한국 시간
황도

E　　　　　　　　　　　　W

K/\\/l 한국천문연구원
Korea Astronomy & Space Science Institute

태양원반

S

Geocentric Data
Position Angle = 345.4°
Separation = 554.4"
Duration = 06h40m

0　　　5　　　10　　　15
분각

Ephemeris Data
Eph. = VSOP87
ΔT = 66.7 s

F. Espenak, NASAs GSFC - 2011 Jun
eclipse.gsfc.nasa.gov/OH/transit12.html

금성 태양면 통과 접촉 시각
I = 07:09:38 KST
II = 07:27:34 KST
최대 통과시각 = 10:29:36 KST
III = 13:31:39 KST
IV = 13:49:35 KST

[그림 4-12] 한국천문연구원에서 발표한, 2012년에 일어난 금성의 태양면 통과 모습. 금성이 태양을 배경으로 매우 작은 검은 점처럼 보인다.

는지 혹은 태양의 흑점을 잘못 보지 않았는지 의문을 제기하는 학자들도 있었다. 그러나 2012년에 발표된 『금성의 태양면 통과에 대한 6,000년 목록: 기원전 2000년부터 기원후 4000년까지』에 따르면 1032년 5월 24일 일몰 무렵에 이스파한에서 관찰할 수 있었을 것으로 판단한다.[21]

이븐 루시드도 수성의 태양면 통과를 보았을까? 피코 델라 미란돌라는 1494년 무렵에 출판된 『예측 점성술에 반하여』에서 "아베로에스(이븐 루시드)는 그의 『프톨레마이오스 주해』에서 수성이 태양과 일직선상에 있을 때, 태양 표면에서 두 개의 검은 점 같은 것을 보았다고 말했다."[22]라고 다시 보고한다. 이븐 루시드가 본 것이 금성과 수성이었으면 1153년이었을 것이고 수성과 흑점이었다면 다른 해에도 가능하다.

행성의 순서는 주기 순서로

코페르니쿠스가 알 바타니와 이븐 루시드의 수성과 금성의 태양면 통과 관측 기록을 지구보다는 수성과 금성이 태양에 가까이 있다는 증거로 받아들이지 않은 이유는 무엇일까? 그들이 지구중심설에 근거를 두었기 때문일까? 코페르니쿠스는 행성 순서에 대해 말하기 전에 마르티아누스 카펠라의 책을 인용한다. 카펠라는 코페르니쿠스가 행성들의 순서를 다룬 『천구의 회전에 관하여』 I권 10장에 다음과 같이 단 한 번 인용된다.

그러므로 내 판단으로는, 적어도 백과사전 저자인 마르티아 누스 카펠라와 다른 라틴 저자들에게 익숙한 것을 무시해서는 안 된다고 생각한다. 그들에 따르면, 금성과 수성은 태양을 중심으로 회전하기 때문에 이 행성들은 이들의 회전 곡률이 허용하는 것보다 태양으로부터 더 멀리 떨어지지 않게 되는 것이다.

카펠라는 5세기, 로마가 지배하던 지금의 알제리에 해당하는 북아프리카에서 활동했다. 그가 남긴 책 『필롤로기아와 메르쿠리우스의 결혼에 관하여』는 '일곱 가지 학문에 대하여'라고 부르기도 하는 총 9권으로 된 백과사전과 같은 책이다. 제우스의 아들이자 전령인 헤르메스가 결혼을 하고 싶어 하자 아폴로는 지상의 여인 필롤로기아를 소개하고 이 둘의 결혼을 축복하기 위해 7명의 시녀를 선물로 준다. 이들이 바로 나중에 중세 대학의 기본 과목으로 자리 잡은 자유 교양 학문으로 3학(문법학, 논리학, 수사학)은 천상의 소통을 담당하는 전령인 헤르메스가 관장하는 영역이고 4과(기하학, 산수, 천문학, 음악)는 인간의 이성의 탐구 노력을 주관하는 필롤로기아(문헌학)가 관장하는 영역이다. '카펠라와 다른 라틴 저자들'이 금성과 수성이 태양을 중심으로 회전하는 것을 익숙하게 알고 있었다는 이야기의 배경을 알아보기 위해 '다른 라틴 저자들'이 누구인지 알아보자.

헤라클리데스 체계에 대한 지식은 네 명의 라틴 저자들의

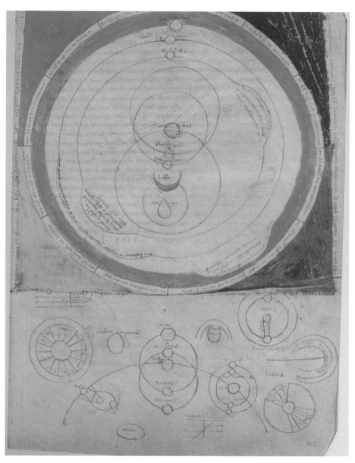

[그림 4-13] 마르티아누스 카펠라의 『필롤로기아와 메르쿠리우스의 결혼에 관하여』에
실린 삽화. 11세기, 피렌체, 메디체아 로렌치아나 도서관, 산마르코 190. f.102r.

저술로부터 재구성되었는데, 그들 중 셋은 백과사전 저자인 칼키디우스(그만이 유일하게 헤라클리데스의 이름을 언급했다), 카펠라 그리고 아마도 마크로비우스였을 것이다. 그러나 그들이 일견 헤라클리데스 체계를 받아들였음에도 그들 모두가 지구로부터 행성까지 거리의 고정된 순서를 논했는데, 이 '고정된 순서'는 태양, 수성과 금성의 순서를 바꿀 수 없다는 믿음을 전제로 하는 것이었다.

예를 들어, 마크로비우스는 플라톤의 배열(지구, 달, 태양, 금성, 수성의 순서)을 키케로의 배열(지구, 달, 수성, 금성, 태양의 순서)보다 선호했는데, 수성과 금성이 태양의 위아래로 움직인다는 사실이 이들 순서의 어느 것과도 부합될 수 없다는 것은 전혀 인식하지 못하고 있었다. 마찬가지로 마르티아누스 카펠라는 그가 진심으로 헤라클리데스 체계를 채택하고 있는 바로 그 문단에서(그는 이 글 때문에 코페르니쿠스의 찬사를 받았다) 전통적으로 서로 경쟁해온 행성의 두 가지 고정된 순서를 제시했다. 이러한 종류의 불일치는 얼마든지 더 예를 들 수 있는데, 백과사전 저자들이 얼마나 자주 전혀 이해하지도 못하면서 문제들을 되풀이해서 혼동하고 혼란시켰던가를 보여준다.[23]

헬레니즘 시대 이후에도 아리스토텔레스-프톨레마이오스의 지구중심설과는 다른 우주 체계인 아리스타르코스의 태양중심설이나 헤라클리데스의 이론은 단절되지 않고 전해지고 있었다. 단지 무시되었을 뿐이다. 로마 제국의 지식수준은 그 이전 시대를 따라가지 못했다. 높은 수준의 연구를 소화할 능력은 없지만 자연 세계에 대한 흥미는 가진 시민들을 위해 백과사전식의 개요서들이 등장했다. 이슬람의 문헌들이 라틴어로 번역되어 쏟아져 나오기 전까지 이런 책들이 서구의 지식인들을 충족시켰다.

코페르니쿠스는 헤라클리데스의 이론에 근거를 두고 천구의 크기를 행성의 순서를 결정하는 중요한 요소로 보았다. 아마도 태양중심설을 주장하는 과정에 있었기 때문이리라.

사실 천구가 존재하던 시절에는 천구의 크기가 행성들의 순서를 설명하는 중요한 요소였다. 금성 천구가 수성 천구를 포함할 만큼 커야 금성이 수성보다 위에 있을 수 있다. 행성의 순서는 행성 천구의 크기 순서로 정해진다. 그러나 거꾸로 행성의 순서를 말하고 나서 천구 크기를 그에 따라 정해도 별문제는 없다. 그렇기 때문에 내행성의 순서에 대해 여러 가지 의견이 분분할 수 있었다. 코페르니쿠스의 공로는 "천구의 크기는 그 주기에 따라 결정된다."라는 점을 확실히 했다는 점이다. 그 주기에 의해서 순서를 정하면 다른 순서는 있을 수 없다. 행성의 주기는 자연 현상으로 이미 정해져 있으니 말이다. 태양을 중심에 두었을 때, 내행성인 수성과 금성은 주기가 확연히 차이가 나서 내행성의 순서에 대한 논란을 끝내게 되었다.

코페르니쿠스가 남긴 것

지구가 중심에 있을 때는 그 이유를 설명하기 어려웠던 현상들이 태양을 중심에 놓고 행성의 궤도를 그리면서 너무 쉽게 설명되었다. 우선, 행성들의 역행 문제가 해결되었다. 즉, 행성들의 역행 현상은 원운동을 부정하는 현상이 아니라 지구도 태양 주위를 원운동하기 때문에 벌어지는 당연한 일이 되어버린다.

해결된 문제가 역행 현상만은 아니었다. 코페르니쿠스는 『천구의 회전에 관하여』 I권 10장에서 천문학에서 해결되지 않았던 여러 문제들을 열거하고, 그것이 태양과 지구의 위치를 바꿈으로써 해결됨을 말했다.

왜 목성의 순행과 역행은 토성의 그것보다 크고 화성의 그것보다 작게 보이는가? 왜 금성의 순행과 역행은 수성의 그것보다 크게 보이는가? 왜 역행과 순행 같은 방향 전환이 목성보다 토성에서 더 자주 일어나는가? 왜 화성과 금성보다 수성에서 더 자주 일어나는가? 왜 토성, 목성, 화성이 태양에 가려질 때보다 태양 반대편에 있을 때 지구에 더 가까운가? 왜 화성이 태양 반대편에 있을 때는 그 크기가 목성과 비슷해서 목성과 화성을 단지 화성의 붉은색으로만 구분해야만 하는데, 다른 때는 이등성 정도로밖에 보이지 않아 주의 깊게 그 운동 궤적을 쫓아야만 겨우 화성을 발견할 수 있는가? 이 모든 현

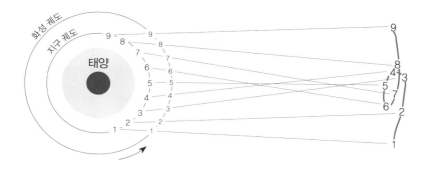

[그림 4-14] 태양중심설에서의 화성의 역행 설명. 화성은 1에서 9까지 순행하고 있지만, 지구에서 볼 때는 4에서 6까지는 역행하고 6부터는 다시 순행하는 것으로 보인다.

상은 지구의 운동이라는 동일한 원인에 의해 일어난다.

　역행을 설명하기 위해 복잡한 루프를 그리려고 도입한 주전원은 쓸모없어졌다. 프톨레마이오스 이래 수정되어온 행성 모델에서 역행을 설명하기 위한 주전원은 사라졌다. 그러나 코페르니쿠스의 우주에서도 천체는 등속원운동을 하고 있기 때문에 관측과 계산을 맞추기 위해서는 주전원이 여전히 필요했다.

　흔히 코페르니쿠스의 우주 체계에서 태양은 우주의 중심에 자리하고 프톨레마이오스 체계보다 간단해졌다고 생각할 수 있지만, 그렇지는 않다. 우선 태양이 행성들의 중심에 정확히 자리잡지는 않았다. 태양이 황도상에서 겨울 별자리를 지나는 동안 그 속력이 빨라지는 현상을 설명하기 위해 코페르니쿠스는 지구 궤도의 중심을 태양의 중심에서 비껴난 곳에 두었다. 다른

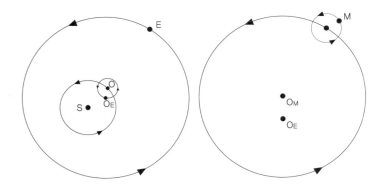

[그림 4-15] 지구와 화성의 운동에 대한 코페르니쿠스의 설명. 태양 S 주위를 도는 원 O를 도는 점 O_E가 지구 E의 궤도의 중심이다(왼쪽). 화성 M은 원 O_M 위를 도는데, 점 O_M은 지구 궤도의 중심 O_E와 일정한 관계를 유지한다.

불규칙한 현상들까지 설명하기 위해 지구 궤도의 중심은 조금 은 복잡하게 움직임이 설정되었다. [그림 4-15]의 왼쪽 그림에서 지구 궤도의 중심 O_E는 태양 주위를 도는 점 O를 중심으로 하 는 원 위의 점으로 점 O의 움직임을 따라가면서 회전하고 지구 는 이렇게 운동하는 점 O_E를 중심으로 하는 원 위를 운동한다. [그림 4-15]의 오른쪽 그림은 화성에 대한 설명이다. 화성 M은 점 O_M을 중심으로 하는 원의 주전원 위에 있는데, 점 O_M은 태 양이 아니라 지구 궤도의 중심인 O_E로부터 계산했다.[24]

　화성 이외의 행성들도 화성과 비슷하게 설명되었다. 코페르니 쿠스의 행성 체계에서 천체는 여전히 등속원운동을 하기 때문 에 실제 천체의 위치와 이론을 맞추기는 쉽지 않아 이심원과 주 전원들을 많이 동원할 수밖에 없었다. 좀 더 정밀하게는 각 행성이 기울어진 공전면 위를 움직이는 것도 고려하기 위해 다른 장치들도 필요했다. 수성과 금성은 이심거리가 변한다고 보았기 때문에 이 변화를 설명하기 위한 원들도 추가했다. 결과적으로 역행을 설명하기 위한 주전원은 필요 없어졌지만, 코페르니쿠스의 이론도 관측된 행성의 위치와 일치시키기 위해서는 여전히 주전원이 꽤 많이 요구되었다. 코페르니쿠스의 우주 모델도 복잡하게 원들이 얽혀 있어 결코 프톨레마이오스의 것보다 간단하다고 말할 수 없었다.

코페르니쿠스의 행성 체계를 받아들이기에는 아직 해결되지 못한 의문점들도 남아 있었다. 지구가 태양 주위를 돈다면 항성들의 연주시차가 발생해야 한다. 그러나 아직 그것은 관찰되지 않았다. 지구의 자전 때문에 물체가 뒤쪽으로 떨어지는 일도 생기지 않았다. 알 비루니, 알 투시, 알리 쿠시지 등이 이미 말했듯이 지구가 움직인다고 해도, 지구가 움직이지 않는다고 해도 이론적으로는 문제가 없었다. 지구의 자전은 이른바 푸코의 진자로 확실하게 입증되는 1851년까지 한참 기다려야 했다.

코페르니쿠스의 태양 중심 행성 체계로 설명되는 현상도 많았지만 아직 설명되지 않는 것도 그만큼 남아 있었다. 더구나 프톨레마이오스의 것만큼이나 실용적인 면에서는 문제가 많았다. 그런데도 케플러나 갈릴레오를 비롯한 선구적인 학자들의 지지를 받은 가장 큰 이유는 기하학적 조화의 아름다움에 있을 것이다. 이 기하학적인 조화를 통해서 태양 중심 천문학이 가진 간결함과 정합성이 감지되었다.

5

태양에서
나오는
신비

천구가 사라진
우주 공간

코페르니쿠스가 태양과 지구의 위치를 바꾸었지만, 여전히 행성들은 천구에 끼워진 채 등속원운동했고 항성들은 항성 천구에 박혀 있었다. 스스로 운동을 일으키는 원동자가 가장 바깥 천구인 항성 천구를 움직이고 점차 그 아래 천구로 움직임이 전달되어 달의 천구까지 움직이고 지구의 대기를 움직여 4원소가 섞여 물질이 만들어지는 것에는 변함이 없었다. 그러던 16세기 후반, 신성과 혜성*에 대한 정밀한 관측이 이루어지면서 이것들이 대기권 아래에서 생기는 현상이 아니라 완벽하다던 천상의 세계에 일어난 변화라고 판단되었다. 이제 2,000년 넘게 표준 이론으로 여겨져왔던 천구가 폐기될 운명에 처했다.

---

* 폭발 등에 의해 갑자기 밝아졌다가 다시 서서히 희미해지는 별을 '신성'이라고 하고, 가스 상태의 빛나는 긴 꼬리를 끌고 이동하는 별을 '혜성'이라고 한다.

천구가 사라지다

하늘에서 갑작스럽게 밝은 별이 보이는 경우는 지구에서 보기에 행성들이 겹쳐 보이는 합인 경우도 있고 별이 폭발하면서 일시적으로 매우 밝게 빛나는 초신성°인 경우도 있다. 1572년 카시오페이아 별자리 근처에 새로운 별이 하나 나타났다. 누구나 볼 수 있을 만큼 밝았다. 그 위치에 어떤 별도 없다는 사실을 잘 알고 있던 튀코 브라헤는 한 달 정도 지속적으로 그 별의 각거리와 위도를 측정한 결과 이것은 혜성도 아니고 달보다 멀리 있는 새로운 별이라는 결론을 내렸다. 지금은 'SN1572'라고 부르는 초신성이다. 그러나 사람들은 이 별이 달보다 가까이 있는지 멀리 있는지에 대해서는 의견이 분분했지만 새로운 별은 아니라는 점에서는 의견의 일치를 보며 튀코 브라헤의 주장을 부인했다.

다행히 달 위 세계의 변화에 대한 추가 증거가 1577년 11월에 나타났다. 혜성이 나타난 것이다. 튀코 브라헤는 혜성이 사라지기 전 74일 동안 24회에 걸쳐 세심하게 관측을 기록하고 이를 토대로 놀라운 결과를 밝혀냈다. 혜성은 아마도 원운동을 하는 것 같다는 추측과 함께 달보다 최소 6배 이상 멀리 있다는 계산 결과였다. 즉, 혜성이 천구로 채워져 있는 천상의 영역을 뚫고 다녀야 하는 모순이 발생했다.

● 보통 신성보다 1만 배 이상의 빛을 내는 별을 '초신성'이라고 한다. 큰 별이 진화하는 마지막 단계로, 급격한 폭발로 엄청나게 밝아진 뒤 점차 사라진다.

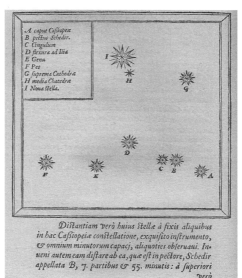

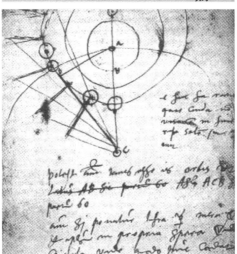

[그림 5-1] 튀코 브라헤의 『새로운 별』에 실린 1572년에 발견한 초신성(위쪽 그림에서 I)의 위치를 나타내는 카시오페이아 별자리 지도(위쪽)와 1577년 혜성에 대한 기록이 포함된 공책(아래쪽)

천구를 잃고 방황하는 행성과 항성

튀코 브라헤는 1587년『새로운 천문학 입문』에서 새로운 우주 체계를 주장했다. 달과 태양은 지구 주위를 공전하고, 다른 행성들은 태양 주위를 공전한다는 절충안이다. 코페르니쿠스의 이론은 여러 장점에도 불구하고 연주시차가 관찰되지 않는 등 관찰과는 일치하지 않는 약점을 갖고 있었다. 코페르니쿠스 체계와 프톨레마이오스 체계의 장점을 조합한 튀코 브라헤의 절충 체계가 꽤 많은 지지를 받았던 이유이다. 그러나 이 우주 체계에서 천구는 더 결정적인 장애가 되었다. 태양의 천구와 화성의 천구가 서로 뚫고 지나가야 하는 모순이 생겨 천구를 폐기할 수밖에 없었다.

천구가 사라진 하늘은 새로운 문제를 낳았다. 천구가 사라지니 태양을 중심으로 회전하는 천구에 끼워져 있던 행성들이 태양을 중심으로 회전할 새로운 이유가 필요하게 되었다. 우주 공간에 떠 있는 행성들이 멀리 가버리지 않고 태양에 묶인 듯이 빙빙 돌고 있는 이유를 어떻게 설명할 수 있을까?

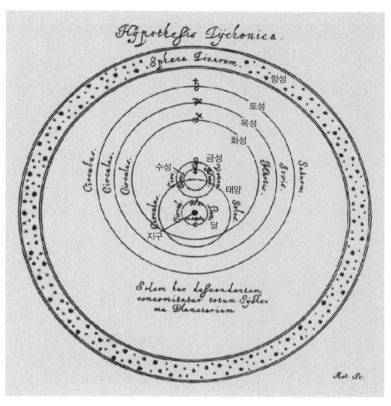

[그림 5-2] 튀코 브라헤의 우주 체계. 달과 태양은 지구 주위를 공전하고, 행성들은 태양 주위를 공전한다.

신은
기하학자

1596년 7월 19일, 케플러는 목성과 토성이 하나의 별처럼 겹쳐서 밝게 보이는 현상(합)에 대해서 학생들에게 설명하는 중이었다.[1] 케플러의 목소리는 웅얼거리듯 알아듣기 힘들었지만, 그때 그의 머릿속에서는 근대 천문학을 여는 영감이 솟아나고 있었다. 약 20년마다 일어나는 이 현상을 설명하려고 원 궤도에 목성과 토성을 표시하던 바로 그때, 우주의 비밀을 푸는 열쇠가 보였다고 케플러는 기록을 남겼다.

목성과 토성이 일직선으로 늘어선 그때

밤하늘에서 누구나 달은 구분할 줄 안다. 워낙 가까이 있어, 크게 둥그렇게 잘 보인다. 그런데 다른 것들은 행성인지 별인지, 행성이면 화성인지 목성인지, 별이면 별자리 이름은 무엇인지 구분하기가 쉽지 않다. 요즘은 인공위성도 있어 환하다고 해서 밝은 별이라고 생각하면 멋쩍은 경험을 하게 될 수 있다. 별의 빛은 너무나 먼 곳에서 오면서 잠깐씩 방해를 받아 가까스로 우리 눈에 들어오기 때문에, 너무 밝으면 오히려 별이 아닐 가능성이 크다. 그런데 행성은 상대적으로 가까이 있어 달만큼은 아니어도 잘 보이는 편이다. 모든 행성을 맨눈으로 아무 때나 볼수 있는 건 아니지만 말이다. 지구보다 태양 가까이에 있는 수성이나 금성은 태양이 떠오르기 전이나 진 다음에 볼 수 있다. 태양이 떠올라 너무 밝을 때에는 볼 수 없는 것이다. 수성은 행성중 가장 작고 태양에 너무 가까이 있어 보기 어렵고 금성은 달다음으로 밝아 보기 쉽다. 화성은 밝은 붉은색이어서 그나마구분이 쉽다. 목성은 매우 크기 때문에 밝게 잘 보인다. 늦은 저녁 환하게, 깜빡이지 않는 천체는 목성일 가능성이 크다. 토성은 목성에 비해 작긴 하지만 공전 주기가 길어 위치가 별로 바뀌지 않는다. 한 번 찾으면 꽤 오래 그 근처에 있다.

목성과 토성이 한 줄로 늘어서 겹쳐진 듯 보이는 날이 있다. 이른바 '합'이라고 부르는 현상이다. 목성은 공전 주기가 12년, 토성은 30년이어서 두 행성이 같은 자리에서 다시 합이 되려면 약 60년이 지나야 한다. 그런데 다른 지점에서는 좀 더 빨리 합이 일어날 수 있다. [그림 5-3]과 같이 0시 방향에서 합이 일어났다고 할 때 20년이 지나면 목성은 궤도를 한 바퀴와 $\frac{2}{3}$바퀴, 토성은 $\frac{2}{3}$바퀴를 돈 상태에서 4시 방향에서 다시 합이 일어난

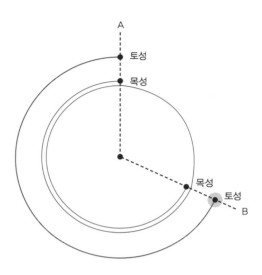

[그림 5-3] 목성과 토성이 합이 일어난 그림. A에서 합이 일어난 후 20년이 지나면 B에서 다시 합이 일어난다. 목성은 한 바퀴보다 더 돌았고 토성은 아직 한 바퀴를 안 돌았다.

다. 다시 20년이 지나면 8시 방향에서 합이 일어난다.

목성과 토성의 합이 20년마다, 즉 토성을 기준으로 240° 회전할 때마다 일어나므로 원 위에 합이 일어나는 지점에 점을 찍으면 세 지점에만 점이 찍혀 선으로 이으면 정삼각형이 그려진다. 그러나 목성과 토성은 지구를 중심으로 공전하지도 않으며, 또 공전 주기가 정확하게 12년, 30년도 아니다. 그러므로 케플러가 1583년, 1603년, 1623년, 1643년, 1663년, 1683년과 같이 합이 일어나는 해를 선으로 이을 때 삼각형은 겹치면서 되풀이되지 않고 조금씩 빗나가면서 그려졌을 것이다. 그가 남긴 책의 그림에서 확인할 수 있듯이 말이다.

케플러가 1596년에 쓴 『우주의 신비』와 1606년에 쓴 『뱀주인 자리의 발 부분에 있는 신성』에서 목성과 토성의 합을 그린 그림을 보자. 두 그림 모두 황도 위의 별자리가 기호로 기록되어 있는데, 『우주의 신비』에 실린 그림인 [그림 5-4]에서는 1583년 부터 합이 일어나는 지점에 1, 2, 3, …과 같이 순서대로 번호를 붙여 40까지 표시한 후 선으로 이었다. 『뱀주인자리의 발 부분에 있는 신성』에 실린 그림인 [그림 5-5]에서는 1583년부터 합이 일어나는 10개의 지점에 연도를 쓰고 선으로 이었다. 두 그림을 비교해보자면, 1583년에 관찰된 합은 양자리 ♈와 물고기 자리 ♓의 경계([그림 5-4]의 오른쪽에 1이라고 쓰여 있는 위치, [그림 5-5]의 위쪽)에서 일어나고 1603년에 관찰된 합은 궁수자리 ([그림 5-4]의 왼쪽 아래에 2라고 쓰여 있는 위치, [그림 5-4]의 오른쪽)에서 일어난다. 케플러는 가장 바깥에 있는 행성인 토성과 목성을 이으면 그려지는 삼각형은 다각형 중 변의 개수가 가장 적은, 첫 번째 다각형이라는 생각이 번뜩 들었다. 그렇다면 점점 태양 쪽으로 다가오면서 이웃한 두 행성의 합이 일어나는 자리를 이으면 변의 수가 하나씩 늘어나는 다각형이 그려지지 않을까? 즉, 목성과 화성 궤도 사이에는 사각형, 화성과 지구 궤도 사이에는 오각형, 지구와 금성의 궤도 사이에는 육각형, 금성과 수성의 궤도 사이에는 칠각형이 있는 우주의 모습.

더구나 [그림 5-4]와 같이 황도 위에 빼곡하게 합이 일어나는 위치를 표시하고 선으로 이으면 그 내부가 마치 원처럼 보이는데, 이 원은 목성의 궤도라고 할 수 있다. 토성과 목성의 합 그

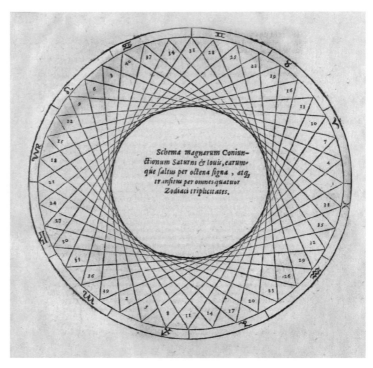

[그림 5-4] 목성과 토성의 합이 일어난 위치를 연도별로 이은 삼각형들이 만드는 원. 케플러, 『우주의 신비』, 1596년, 9쪽.

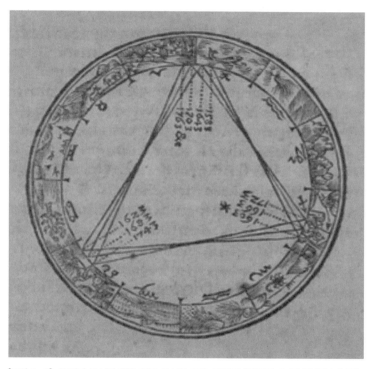

[그림 5-5] 목성과 토성의 합을 일부 표시한 그림. 케플러, 『뱀주인자리의 발 부분에 있는 신성』, 1606년, 25쪽.

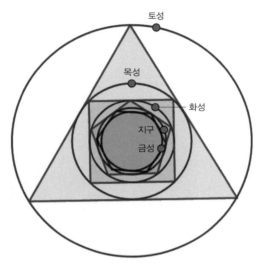

[그림 5-6] 목성과 토성의 합에서 삼각형이 그려짐에 따라 태양 쪽으로 가까워지면서 원 모양의 공전 궤도 안에 사각형, 오각형, 육각형이 차례로 내접해 있을 것으로 예상한 그림.

림에서 안쪽의 작은 원인 목성의 궤도를 바깥쪽 큰 원인 토성의 궤도와 비교하면 그 크기가 절반으로 보인다. 이와 같은 원리로 다른 행성들의 공전 궤도 사이의 거리, 공전 궤도 크기의 비를 알 수 있지 않을까? 놀라운 발견이었다. 지금 생각하면 얼토당토않은 생각이지만. 이 발견으로 우주를 설계한 신의 뜻에 가까이 가게 되었다고 생각했으니 말이다.

그런데 다각형은 무한개 있으므로 몇 개의 다각형만 사용하는 것은 그다지 아름답지 않은 일이었다. 왜 무한히 많은 다각형 중에 5개의 다각형만 선택되는지, 왜 행성은 6개인지에 대한 대답이 되지 않았기 때문이다.

그러다가 우주는 3차원이라는 생각이 들었다. 3차원 입체 중에 정다면체는 오직 5가지뿐이다. 6개의 행성이 있는 천구 사이에 5개의 정다면체가 사이 사이에 끼어 천구를 유지해주는 구조를 생각한 것이다. 정다면체와 외접·내접하는 구를 연속적으로 배치하여 행성들을 배치했다. 케플러는 지구의 궤도가 모든 궤도의 척도가 된다고 보고 여기에 정십이면체를 외접시켰다. 이 정십이면체에 외접하는 구가 화성의 궤도가 된다. 다시 화성의 궤도에 정사면체를 외접시키면 이 정사면체에 외접하는 구가 목성의 궤도가 되고, 목성의 궤도에 정육면체를 외접시키면 이 정육면체에 외접하는 구가 토성의 궤도가 된다. 이번에는 지구의 궤도에 정이십면체를 내접시켜 이 내접하는 구가 금성의 궤도, 금성의 궤도에 정팔면체를 내접시켜 이 내접하는 구가 수성의 궤도라고 했다.

케플러는 이 모형을 생각해낸 후 천구를 찾아냈다고 확신했다고 한다. 이런 놀라운 발견을 하도록 신에게 선택되었다니, 케플러는 정다면체 가설의 아름다움에 푹 빠져버렸다.

케플러가 풀고자 했던 우주의 비밀

케플러는 무엇을 근거로 우주가 정다면체로 이루어져 있다고 확신했을까? 우선은 당시 알려진 행성이 수성, 금성, 지구, 화성, 목성, 토성의 6개였다(당시에는 천왕성과 해왕성이 발견되지 않아

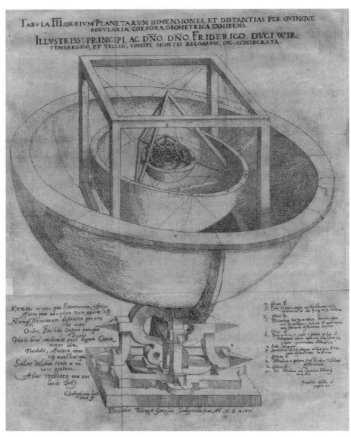

[그림 5-7] 케플러가 『우주의 신비』에서 주장한 정다면체 우주론 모형[2]

태양계에 행성은 6개였다)는 점도 큰 근거로 작용했을 것이다. 정다면체 5개 안팎으로 구를 배치하여 궤도를 생각하면 그 개수가 6개가 되어 행성의 개수와 궤도가 있는 구의 개수가 딱 맞는다. 그러니 행성은 6개뿐이고 그 궤도가 정다면체에 내접·외접하는 구인 것은 신의 뜻이라고 생각할 수 있겠다. 더구나 수 6은 가장 작은 완전수*이니 우주의 이치로 삼기에 꽤 괜찮은 구상으로 보이지 않았을까? 어떻게 케플러는 지금 생각하면 터무니없는 이런 생각을 하게 되었을까? 그건 케플러가 평생 풀고자 했던 의문 때문이었다. 케플러는 튀빙겐 대학교에 다니던 시절부터 코페르니쿠스 이론의 신봉자였다.

코페르니쿠스에 의해 태양이 우주의 중심에 놓이자 행성들의 궤도가 순서대로 조화롭고 수학적으로 균형 있게 설명되었다. 태양과 각 행성 사이의 거리도 비례 관계를 보였다. 그렇지만 신이 왜 우주를 이렇게 만들었는지는 알 수 없었다. 인간이 우주와 상응하기 위해서는 우주를 잘 알아야 한다고 생각한 케플러는 행성의 개수, 궤도의 크기, 운동 양식에 관심을 가졌다. 왜 행성은 6개뿐인가? 신은 왜 그 자리에 행성을 두었을까? 태양으로부터 특정한 간격으로 배치되어 있음은 무엇을 뜻하는가? 행성은 그 궤도 위를 어떻게 운동하는가? 이런 의문이 우주의 비밀을 캐는 관건이었다. 케플러는 이에 대해 『우주의 신비』 서문에서 다음과 같이 밝혔다.

● 자기 자신을 제외한 약수를 모두 더하면 자기 자신이 되는 수를 '완전수'라고 한다. 예를 들어, 6의 약수 중 6을 제외한 1, 2, 3을 더하면 6이므로 6은 완전수이다.

내가 그것들의 원인, 즉 어째서 그것들이 그와 같고 다르게 되어 있지는 않은가를 끊임없이 연구했던 것은 무엇보다도 세 가지였는데, 그것들은 궤도의 수, 크기 및 운동이었다. 나를 그렇게 하도록 고무한 것은 정지한 것들 즉 태양, 항성과 그 사이 공간의 아버지, 아들, 그리고 하느님과의 아름다운 조화였다.[3]

케플러는 세계의 사물에 대한 원인은 인간에 대한 신의 사랑에서 알아낼 수 있다고 생각했다. 지구 궤도의 영역 내부에 수성, 금성, 지구가 있고 외부에 화성, 목성, 토성이 있어 그 개수가 같은 것도 신이 피조물인 인간의 거주 장소를 꾸밀 때 거기에서 살 인간에 대해 생각하여 조화롭게 한, 가치 있는 일이라고 생각했다.

신의 풍성한 상에서 집어 이 책에 내려놓은 것

그 첫 번째 결과가 25세인 1596년에 출판한, 코페르니쿠스 설을 옹호한 책 『우주의 신비』이다. 181쪽 분량의 이 책은 제목이 좀 길다. 표지에 크고 작은 글자로 늘어놓은 제목은 『우주의 비밀, 다섯 개의 정다면체에 의해 입증된 천구의 놀라운 비례에 관한, 그리고 우주의 수, 크기, 주기적 운동의 참되고 특별한 원인에 관한』이라고 번역할 수 있다. 제목에 나타나듯 이 책은 태양중심설

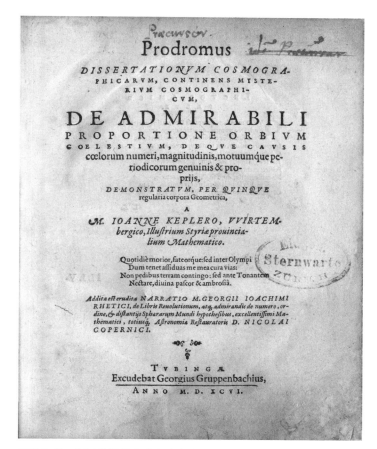

[그림 5-8] 케플러의 『우주의 비밀, 다섯 개의 정다면체에 의해 입증된 천구의 놀라운 비례에 관한, 그리고 우주의 수, 크기, 주기적 운동의 참되고 특별한 원인에 관한』의 표지. 간단히 『우주의 신비』라고 한다.

을 받아들인 상태에서 우주의 비밀을 파헤치기 위해 케플러의 관심 세 가지에 관한 내용을 담은 책이다. 이 책에는 케플러의 기본 구상이 거의 들어 있는데, 25년 후인 1621년에 이 책의 증보판을 내면서 책의 두께가 약 1.5배가 될 정도로 각별한 애정을 쏟은 책이다. 그만큼 이 책은 케플러의 전 면모를 알 수 있는 책이다.

『우주의 신비』에서 케플러는 앞선 거인을 여러 명 거론한다. "피타고라스가 이미 2,000년 전에 그런 시도를 했다."라는 말에서는 만물은 수로 이루어졌다는 피타고라스의 정신에 동의하고, 태양과 같은 불을 우주의 중심에 놓았던 피타고라스 후계자들의 우주관에 동의한다는 사실을 엿볼 수 있다. 유클리드에 대해서는 『원론』의 정다면체와 입체에 대한 수학적인 사실을 인용한다. 아리스토텔레스의 『하늘에 대하여』에서는 양파 껍질 같은 동심 천구 모형을 가져온다. 그리고 플라톤에 의지해서 다음과 같이 신이 정다면체를 이용해서 우주를 만들었다는 확신에 이른다.

하느님은 항상 기하학을 하며, 행성들을 만들 때 안과 밖에 운동하는 원을 가지고 있지 않은 입체가 더이상 존재하지 않을 때까지 입체를 원에, 그리고 원을 입체에 접하도록 했다는 플라톤의 말을 인용하는 것 외에 무슨 말을 우리가 할 수 있는가?[4]

케플러에게 자연과학은 지금 우리가 생각하는 것과는 다르다. 물질적 풍요나 기술적 진보를 가능하게 하는 수단이 아니다. 자연과학은 신이 창조한 세계의 완전성에 다가가는 길이다. 그리고 신의 작품, 즉 자연을 읽는 것은 기하학적 형상에 대한 양적 관계를 인식하는 것이다. 플라톤의 사상에 영향을 받은 덕분이다. 케플러는 "내가 아주 풍부하게 차려져 있는 창조자의 상에서 집어 이 책에도 내려놓은 것"도 기하학적인 형상에 대한 양적 관계라고 했다. '신은 기하학자'라고 생각한 케플러에게 어울릴 법한 일이다. 케플러는 한동안 정다면체와 구에 얽힌 수와 기하학적인 구조의 아름다움이야말로 신이 우주를 창조한 원리라고 여겼다.

태양에서 나오는 신비로운 힘,
운동령

케플러가 정다면체 우주론을 주장한 또 한 가지 이유는 이렇게 계산한 궤도의 반지름의 비율이 우연히도 당시 알려져 있던 실제 측정한 값과 비슷했기 때문인 측면도 있다. 수성, 금성, 화성에 비해 목성과 토성의 공전 궤도 반지름이 무척 큰데, 이 정다면체 우주론에서도 그와 비슷한 비율로 궤도의 크기가 정해진다. 그러나 완전히 일치하지는 않음은 당연한 일. 정다면체 이론으로 계산할 때 정다면체에 내접·외접하는 구는 사실은 두께가 있는 구이다. 천구는 순서대로 끼워 맞춰져 있어 바깥 천구가 안쪽 천구를 돌리는 구조이고, 그 두께는 천구의 반지름과 이심에 의해 결정된다. 정다면체 이론으로 계산한 행성의 궤도와 반지름이 코페르니쿠스의 값과 차이가 났다. 케플러에게는 정확한 값을 구할 수 있는 관측 자료가 없었다. 신의 계시를 받은 듯 희망에 부풀어 올랐다가 벽에 부딪힌 케플러에게 대형 기구로 정교한 관측을 20여 년 동안 꾸준히 하고 있던 튀코 브라헤에게서 초청장이 날아온다. 1600년 4월 의 일이다. 점성술과 지구중심설의 신봉자였던 브라헤의 자료가 점성술과 태양중심설의 신봉자였던 케플러에게 넘어오는, 근대 천문학으로 길이 열리는 순간이다.

최후의 점성술사, 케플러

행성 운동 법칙 세 가지를 밝혀낸 위대한 천문학자 케플러는 최후의 점성술사라고도 불린다. 학생 시절부터 친구들의 별점을 쳐주었다고는 하지만 그 정도가 이유는 아닐 터. 케플러의 생각은 1601년에 발간한 『점성술의 확실한 기초에 대하여』에서 엿볼 수 있다. 이 논문은 75개의 논제로 나누어 기술되었는데, 첫 번째 논제는 다음과 같은 말로 시작된다.

일반적으로 생각하듯이, 해마다 예측을 하는 것은 수학자의 권한에 속합니다. 예수 그리스도가 태어난 지 1602년이 되는 해를 앞두고 이렇게 결심한 이유는 대중의 호기심 때문이 아니라 철학자로서의 의무 때문입니다.[5]

이어서 예측의 물리적 원인으로 태양, 달, 행성을 꼽고 그 특성에 대해 차례로 설명해나가는데, 케플러는 아리스토텔레스와는 다른 주장을 편다. 아리스토텔레스는 물질의 특성을 따뜻함, 차가움, 습함, 건조함으로 분류하고 이러한 성질을 갖는 물, 불, 흙, 공기 4원소를 새로 조합하여 새로운 성질을 가지는 물질을 만들어낼 수 있다는 물질관을 세웠음을 기억할 것이다. 케플러는 〈논제 7〉에서 아리스토텔레스가 공기의 성질을 따뜻함이라고 한 것을 잘못이라고 지적하며 공기는 물이나 지구와 마찬가지로 오랫동안 데워지지 않는다면 금방 자신의 성질, 즉 차가움으로 돌아간다고 말했다. 〈논제 20〉에서 아리스토텔레스는 따뜻함과 따뜻하지 않음(차가움)과 같이 따뜻함이라는 '같음'에 대하여 따뜻하지 않음이라는 '다름'을 말하여 같음과 다름 두 가지로 구분하지만, 케플러는 '더'와 '덜'을 제안하여 하나의 같음에 대하여 세 가지로 구분한다. 따뜻함이라는 '같음'에 대하여 더 따뜻함과 덜 따뜻함이라는 구분을 두는 식이다. 하나의 '같음'에 대하여 과잉, 적절, 부족으로 구분하는 것이다. 따뜻함에 대해서 세 가지, 습기에 대해서 세 가지. 이로부터 만들어지는 다양한 조합으로 물리적 특성의 다양함을 설명해나간다. 한 해 동안 시간에 따라 태양, 달, 행성의 상대적인 위치를 설명한 후에 매월에 대한 예측, 작물에 대한 예측, 질병에 대한 예측, 전쟁에 대한 예측 등을 서술해나간다. 예를 들어, 〈논제 55〉에서는 [그림 5-9]와 같이 1602년 5월 한 달 동안의 행성의 상대적 위치를 싣고 다음과 같이 예측했다.

5월에는 날씨가 좋지 않을 예정이다. 5월 1일에는 금성과

date	CET	planet		sign			aspect	planet		sign		
05/02/1602	03:39:31	Mercury	TAU	08	06	17	conjunction	Venus	TAU	08	06	17
05/07/1602	00:36:59	Mercury	TAU	05	28	48	+trine	Mars	VIR	05	28	48
05/09/1602	21:19:19	Sun	TAU	18	47	33	opposition	Saturn	SCO	18	47	33
05/10/1602	15:46:46	Sun	TAU	19	31	59	+biquintile	Jupiter	LIB	13	31	59
05/10/1602	18:43:09	Venus	TAU	18	43	33	opposition	Saturn	SCO	18	43	33
05/11/1602	09:16:57	Venus	TAU	19	28	21	+biquintile	Jupiter	LIB	13	28	21
05/11/1602	13:16:42	Mars	VIR	06	40	05	+quintile	Saturn	SCO	18	40	05
05/14/1602	05:35:18	Sun	TAU	22	58	27	conjunction	Venus	TAU	22	58	27
05/18/1602	06:58:41	Venus	TAU	27	57	57	+trioctile	Jupiter	LIB	12	57	57
05/19/1602	08:33:27	Sun	TAU	27	53	55	+trioctile	Jupiter	LIB	12	53	55
05/28/1602	09:26:14	Mercury	TAU	12	21	22	+trine	Mars	VIR	12	21	22
05/30/1602	00:55:18	Venus	GEM	12	24	26	+trine	Jupiter	LIB	12	24	26
05/30/1602	18:13:34	Venus	GEM	13	17	34	+square	Mars	VIR	13	17	34

[그림 5-9] 1602년 5월의 행성의 상대적 위치. 케플러, 『점성술의 확실한 기초에 대하여』

수성의 합으로 인해 폭풍이 발생한다. 다만, 수성의 위치 계산이 여전히 정확하지 않기 때문에 날짜는 확실하지 않다. 5월 10일, 11일, 12일에는 차가운 비가 내리는데, 어쩌면 산에는 눈이 내리고 공기도 건강에 좋지 않을 것이다. 하늘이 맑으면 하얀 서리가 내릴 수도 있다. 이후에는 토성과 화성이 72도 떨어져서 새롭게 나타나기 때문에 아름답고 고요하고 습한 날씨가 뒤따른다. 월말에는 폭풍과 벼락이 일어날 것이다.

궁정 수학자로 근무할 때 케플러의 주요 업무는 루돌프 황제에게 별점을 쳐주는 일이었다. 나중 일이지만 튀코 브라헤의 정확한 관측 자료를 토대로 하여 케플러가 만든 점성술 달력은 매우 인기가 있었다. 이 달력에는 1617년부터 6년간의 행성의 위치, 날씨뿐만 아니라 정치적 사건에 대한 예측까지 담겨 있었다. 사실 케플러가 점성술을 전적으로 믿은 것은 아니라고 하지만, 점성술이나 연금술과 같은 자연 마술이 과학의 맹아 역할을 하던 시기에 살았던 것은 사실이다.

천구 대신 행성을 움직이게 하는 운동령

천구가 사라지자 행성들과 별들은 우주 공간에 떠 있는 존재가 되었다. 이제 행성들이 우주 공간에 흩어지지 않고 태양을 중심으로 회전을 반복하는 원인을 새로 찾아야 했다. 그 원인으로 케플러는 영적인 존재를 생각했다.

케플러가 보기에 인간은 아주 오랫동안 지구를 생명체처럼 생각해오면서 하늘과 땅은 서로 상응한다는 것을 의심하지 않았고 오히려 그것으로부터 지식을 넓혀왔다. 우주의 비밀을 밝히려는 케플러는 신플라톤주의자답게 영적인 존재를 생각했다. 『점성술의 확실한 기초에 대하여』에서 언급한 '태양에서 나와 행성들에 의해 반사되는 빛'이 그 출발이었다. 케플러는 1596년 발표한 『우주의 신비』에 그 정체를 태양에서 나오는 영적인 것이라고 밝혔다. 그것은 태양에 거주하는 일종의 영혼이다.

모든 행성 궤도의 중심에 위치한 태양에만 운동령이 머물며 천체가 태양에 가까이 있을수록 [태양에 머무는] 운동령이 훨씬 더 강하게 작용하고 멀리 있는 천체에 대해서는 약해진다고 생각하는 경우이다. 〈중략〉 운동을 최초로 일으키는 작용은 태양에 속하게 된다. 태양의 이 작용은 만물 안에 있는 어떤 부수적인 운동과도 비교할 수 없을 정도로 훌륭하고 고상하다.[6]

케플러는 천체의 운동을 일으키는 최초의 원인인 영적인 존재에 '운동령'이라는 이름을 붙였다. 그리고 운동령은 태양에만 있다고 했다. 태양에서 나오는 운동령이 태양계 전체에 물리적인 작용을 하여 천구가 없어도 행성들은 태양에 묶여 있는 듯이 적당한 거리를 두고 회전한다는 말이다.

케플러가 태양으로부터 행성들의 운동을 일으키는 어떤 영적인 존재가 퍼져 나온다고 생각을 하게 된 배경에는 자력이 있다. 오래전부터 자석은 떨어져 있어도 작용하는 원격 작용으로 주목받았다. 자력을 눈에 보이지 않는 입자가 작용하는 현상으로 설명하는 원자론도 있었지만 어떤 영혼의 작용으로 보는 물활론도 꾸준했다. 자력은 자연을 공감과 반감의 네트워크로 보는 관점의 증거였고 '숨겨진 힘'이라는 존재의 대표였다. 피치노는 1469년에 쓴 『플라톤의 '향연'에 대한 주석』에서 자력을 설명할 때 공감의 인력을 사용한다.

자석은 자신이 가진 자력이라는 성질을 철 속에 이입시키고, 철은 그 성질을 받아들여 자석과 비슷한 것이 되어 자석에 끌려간다. 이 인력은 자석에서 유래하며 자석을 향하고 있으므로 '자석의 힘'이라 불린다.[7]

케플러도 직접 접촉하지 않고도 멀리서 작용하는 힘, 원격력에 대해 믿음을 갖고 있었다. 케플러는 이론적 근거를 윌리엄길버트의 연구에서 찾았다. 길버트는 1600년에 『자석에 관하여』라는 책을 냈는데, 자력을 영혼을 가진 자석이 발휘하는 힘이라고, 지구도 스스로 움직이는 하나의 커다란 자석이라고 주장했다. 차갑고 생명력이 없는 흙덩어리였던 지구는 외부 작용없이 자전이나 공전을 할 수 없었다. 그런데 길버트가 지구의 자력이라는, 지구 스스로 운동을 할 수 있는 근거를 발견했다. 즉, 지구는 항성 천구 바깥의 원동자 때문에 자전하는 것이 아니라자석이기 때문에 스스로 운동한다고 하여 지구 운동의 과학적근거를 단단히 했다. 길버트의 연구를 받아들인 케플러는 태양주위에 행성을 잡아두는 힘에 '운동령'이라는 이름을 붙였다.

당시에는 지구가 태양에 우주의 중심 자리를 내주고 행성들사이로 자리를 옮겼지만 아직 기하학적인 전환일 뿐, 우주 전체를 통틀어 적용할 수 있는 새로운 역학이 등장하지는 못한 상태였다. 이러한 때에 지구와 태양을 동일한 자석으로 보고 우주전체에 자력이라는 힘이 작용한다는, 즉 지상의 경험적인 사실을 동일하게 천상계에까지 적용하는 놀라운 일을 케플러가 해낸 것이다.

케플러는 여기에서 한 걸음 더 나아가, 물체는 아리스토텔레스가 말한 것처럼 물체의 본성이나 위치 때문에 운동하는 것이아니라, 물체에 보편적으로 내재되어 있는 물리적 힘에 의해서운동한다고 했다. 당시에는 이미 행성이 태양에 가까울수록 운동이 빨라지고 멀수록 느려진다는 사실이 알려져 있었다. 이렇게 거리에 따라 영향력이 달라지는 것이 영적인 것일 수는 없었다. 운동령은 영적인 것이 아니어야 했다. 그러면 무엇일까? 태양 빛 역시 태양으로부터 거리가 멀어지면 약해진다는 점을 생각하면 이 운동령도 빛과 같이 물질이어야 하지 않을까? 케플러는 '운동령'을 '운동력'이라고 바꾸었다. 태양에서 방사되는, 행성들을 붙잡아두는 힘이 영적인 것에서 출발하여 물리적인 힘으로 바뀌었다. 케플러는 이런 깨달음을 『우주의 신비』 2판의 주석에 다음과 같이 기록해놓았다. 초판이 나온 지 25년 만인 1621년의 일이다.

이전에 나는 행성을 움직이는 원인은 영이 틀림없다고 믿고 있었다. 그러나 이 주요한 동적 원인이 거리의 증가에 따라 약해지고 태양 빛 역시 태양으로부터의 거리에 따라 쇠퇴하는 점을 생각해볼 때 다음과 같은 결론에 이르게 된다. 즉, 이 힘은 문자 그대로의 의미는 아니지만 적어도 막연한 의미에서는 어떤 물체적인 것이다. 그것은 우리가 빛을 비물질적인 것이면서도, 물체로부터 방사되는 어떤 것이기 때문에 물체적인 것이라고 말하는 것과 같다.[8]

영적인 것과 물리적인 것에는 질적으로 큰 차이가 있다. 영적인 것은 작동 방식도 이론적으로 설명할 수 없고 계산할 수도 없다. 반면에 물리적인 것은 기계적인 방식으로 작동하며 계산도 가능하다. 케플러가 '운동력'이라고 이름 붙인, 원격으로 작동하는 이 힘은 이제 계산의 영역, 수학의 영역 안으로 들어왔다.

정량적으로 다룬다는 것은 근대의 큰 특징이다. 그러나 케플러가 발 디딘 이 흐름이 환영받은 건 아니다. 케플러는 한평생 거의 지지자가 없었는데, 코페르니쿠스 천문학을 가르쳐준 스승 매스틀린조차 이 흐름에 반대했다. 매스틀린은 전통적인 방식대로 자연학과 천문학의 역할을 구분하는 생각을 갖고 있었다. 케플러가 태양의 힘이라는 생각을 이용하여 자연학으로 행성 체계의 수학적인 의미를 설명할 수 있다면서 두 영역을 융합하자, 매스틀린은 이는 천문학의 파멸로 이어질 수 있다고 주장했다.[9] 그러나 케플러는 자신이 하는 일의 의미를 잘 알고 있었다. 『신천문학』의 서문에 천문학과 자연학을 혼합하는 일을 하고 있다고 기록했다. 결국 자력에 기반한 케플러의 힘이라는 개념은, 근대 자연에 대한 수학적인 해석의 최고봉이라고 할 수 있는 뉴턴의 보편 인력에 대한 이론의 발판이 된다.

계산의 영역으로 들어온
자연

◑　　　　　　케플러는 행성의 속력이 원일점과 근일점에서
는 거리에 반비례한다는 사실을 알고 있었다. 이 관계가 궤도
전체에서도 성립할까? 케플러는 그렇다고 생각했다. 케플러는
초기에는 태양에서 방사되는 힘을 '운동령'이라고 생각했었는
데, 이는 운동령은 태양에서 퍼져 나와 마치 바큇살처럼 모든
행성에 영향을 미치므로 원일점과 근일점에서만이 아니라 궤도
전체에 같은 원리로 적용된다고 보았기 때문이다.

　속력이 거리에 반비례하므로 속력의 역수는 거리에 비례한다.
여기서 속력은 각속력, 즉 행성이 일정 시간 동안 얼마만큼의
각을 이동했는가라는 각의 변화로 측정된다. 각속력은 각의 변
화량과 시간의 변화량의 비이므로 거꾸로 하면, 시간의 변화량
과 각의 변화량의 비가 거리에 비례한다. 이로부터 시간의 변화
량은 각의 변화량과 거리의 곱에 비례하여 시간은 각도에 따라

변하는 거리의 합에 비례한다.[10] •

여기서 문제는 각도에 따라 변하는 거리의 합이 사실은 태양과 행성을 잇는 선을 무한히 많이 그어 그 길이를 합한 값이라는 사실이다. 지금의 용어로 하면 태양과 행성을 잇는 선이 그리는 도형의 넓이이다. 당시는 아직 적분••이 만들어지기 전이라 케플러는 튀코 브라헤의 화성 관측 자료로부터 이 넓이를 구할 방법을 찾아내야 했다.

약한 발판을 딛고 찾아낸 법칙

놀라운 해결책은 아르키메데스의 무한소 개념에서 찾았다. 무한소는 아르키메데스가 포물선 영역의 넓이를 구할 때 포물선 영역을 삼각형으로 무한히 나누며 등장한 개념이다. [그림 5-10]을 보자. 포물선을 가로지르는 직선을 한 변으로 하는 내접삼각형을 그리고, 다시 포물선을 두 구간으로 나누어 같은 방법으로 내접삼각형을 그린다. 이와 같은 방법으로 무수히 많은 삼각형으로 분할하면 유한개의 삼각형들의 넓이를 합한 값에서 처음 영역의 넓이를 알아낼 수 있다는 생각이다. 이 과정에 지

• 행성이 시간 t 동안 궤도 위를 움직였을 때 태양과 행성 사이의 거리를 r, 행성이 움직인 각을 θ라고 하면 현대적 표현으로 $\frac{dt}{d\theta} \propto r$이므로 $t \propto \int_0^\theta r d\theta$이다.

•• 곡선으로 이루어진 영역의 넓이를 구하려면 적분을 이용해야 한다. 적분은 뉴턴에 의해 만들어졌다.

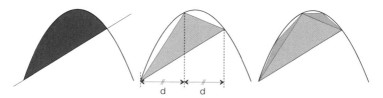

[그림 5-10] 포물선으로 닫힌 영역의 넓이는 삼각형으로 무한히 분할하여 구할 수 있다.

금의 표현으로 무한소 개념이 등장한다.

케플러는 그 방법을 그대로 따라 화성 궤도 위에 1도 간격으로 선을 그어 궤도면을 360등분했다. 화성의 궤도는 당연히 원으로 생각했다. [그림 5-11]에서와 같이 튀코 브라헤의 자료에서 태양의 실제 위치를 사용하여 궤도 위의 1도 간격의 호의 길이를 s라고 하고 이 호와 태양 S를 이은 선의 길이를 d_i, 그때의 이동 시간을 t_i, 도형의 넓이를 A_i라고 하고 행성이 궤도를 한 바퀴 도는 주기를 T, 궤도면의 넓이 전체를 A라고 하자.

이제 행성이 원일점에서 점 P의 위치까지 이동했다고 하면 이때 걸린 시간 $t_1 + t_2 \cdots + t_i$는 행성과 태양을 이은 선이 휩쓴 영역의 넓이 $A_1 + A_2 + \cdots + A_i$에 비례하므로 이들을 각각 주기 T와 전체 넓이 A로 나누면 같다. 즉,

$$t_1 + t_2 \cdots + t_i \propto A_1 + A_2 + \cdots + A_i$$

이므로

$$\frac{t_1 + t_2 \cdots + t_i}{T} = \frac{A_1 + A_2 + \cdots + A_i}{A}$$

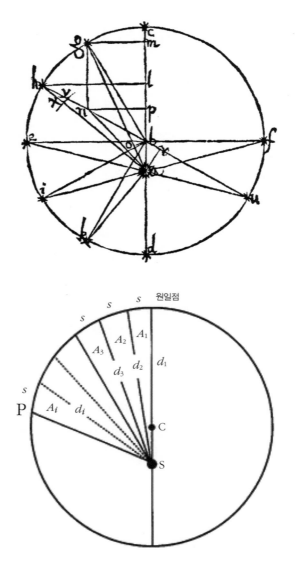

[그림 5-11] 케플러의 『신천문학』에서 면적 속도의 법칙을 유도하는 그림(위쪽)과 궤도 위를 등분하여 만든 도형의 넓이를 나타낸 그림(아래쪽)

이다. 그런데,

$$\frac{A_1 + A_2 + \cdots + A_i}{A} \approx \frac{sd_1 + sd_2 + \cdots + sd_i}{sd_1 + sd_2 + \cdots + sd_{360}} = \frac{d_1 + d_2 + \cdots + d_i}{d_1 + d_2 + \cdots + d_{360}}$$

이므로 *

$$\frac{t_1 + t_2 \cdots + t_i}{T} \approx \frac{d_1 + d_2 + \cdots + d_i}{d_1 + d_2 + \cdots + d_{360}}$$

이다.[11]

위 식에 따르면 행성이 이동한 시간은 넓이 대신 행성과 태양 사이의 거리로 계산할 수 있다. 케플러는 튀코 브라헤의 관측 자료로 각각의 i마다 이 값을 계산했다. 그 결과 서로 다른 위치에서 위 식의 오른쪽 값이 같게 나오면 그때 이동한 시간도 같다는 추론에 이르게 된다. 바로 행성과 태양을 연결하는 가상의 선분이 같은 시간 동안 쓸고 지나가는 면적은 항상 같다는 케플러 제2법칙(면적 속도의 법칙)이 탄생한 순간이다. 비록 행성의 속도가 태양으로부터의 거리에 반비례한다는 부족한 가정에서 출발했지만 이 법칙은 나중에 뉴턴에 의해 증명된다.

케플러는 제2법칙을 먼저 발견하고 그 후에 제1법칙(타원 궤도의 법칙)을 발견했다. 위의 방법을 화성에 적용했을 때, 화성의 위치에 $\frac{8}{60}$도, 즉 8분의 오차가 생겼다. 케플러는 튀코 브라헤의 관측 자료의 오차가 5분 이내임을 알고 있었기 때문에 8분

---

* A_i와 $\frac{1}{2}sd_i$가 같으려면 매우 짧은 s를 직선으로 본다고 해도 s와 d_i가 수직이어야 한다. 그러나 원일점과 근일점을 제외한 다른 곳에서는 수직이 아니므로 이 값은 근사적으로만 같다.

이라는 오차는 무시할 수 있는 값이 아니었다. 이 연구 결과를 담은 책에 케플러는 "이 지루한 과정에 진력이 나거든, 이런 계산을 적어도 70번 해본 저를 생각하고 참아주십시오."[12]라는 말을 남겼다고 한다. 이 8분의 오차는 궤도가 원형이라고 생각하면 절대로 없어지지 않기 때문에 고심과 계산을 반복하던 끝에, 케플러는 궤도가 원이 아니라 조금 일그러진 형태가 아니냐는 생각을 하게 되고, 알 모양의 여러 궤도를 고려하다가 결국 궤도가 타원이면 모든 관측 자료가 맞아떨어짐을 알게 되었다. 이 계산 과정은 컴퓨터는 물론 계산기도 없던 시절, 아직 로그도 알려지지 않은 시절 손 계산만으로 해낸 것이다. 그가 '화성과의 전쟁'이라고 일컫는 8년간의 계산이 끝나면서 케플러의 제1법칙이 마침내 모습을 드러냈다. 케플러는 이 두 가지 결과를 1609년에 『신천문학』에 실었다.

사실 2,000년 가까이 내려오던 천문학의 전통, 즉 천체는 원운동을 한다는 믿음은 코페르니쿠스까지 이어졌지만, 여러 개의 주전원과 이심으로 그리는 천체의 궤도는 원이 아니었다. 특히 수성의 궤도는 다른 행성에 비해 심하게 길쭉했다. 일찍이 페르시아와 이슬람 천문학에 큰 영향을 끼쳤던 인도에서는 5세기에 아리아바타가 행성의 궤도가 원이 아니라 길쭉한 알 모양이라고 했다는 기록이 남아 있다. 그럼에도 불구하고 플라톤 이후 모든 천문학자들이 천체의 궤도를 설명하기 위해 천체마다 원을 여러 개 동원했는데 케플러는 그 많은 원을 타원 하나로 바꾸어버렸다. 관측 결과와 맞는 궤도를 그리려는 기하학에서 벗어나 행성은 왜 그렇게 움직이는가라는 질문을 던진 결과였다. 그 질문의 답을 찾는 과정은 물리적인 의미에 대한 탐구와 함께 견디어낸 지루한 계산의 연속이었다. 튀코 브라헤가 20여 년 동안 규칙적으로 관측한 자료를 산더미처럼 쌓아놓고 몇 년 동안 계산에 계산을 거듭하는 케플러. 이 모습은 점복을 구하는 점성술사의 모습이 아니다. 2,000년 가까이 내려오던, 천상의 세계는 원운동만 한다는 믿음을 깨고 관측 자료가 말하는 대로 따라가 새로운 이론을 제안하는 케플러. 이는 우주의 운행 원리를 알고자 하는 천체물리학자의 모습이다.

우주를 하나로 묶는 법칙

행성의 궤도 모양과 궤도 위를 움직이는 속도에 대한 패턴은 알아냈으나 아직 남은 것이 있었다. 케플러는 처음 연구를 시작할 때부터 우주가 신의 뜻에 따라 조화롭게 만들어졌다는 믿음을 갖고 있었다. 지구를 포함해서 6개의 행성을 조화롭게 묶어낼 무언가가 남아 있었다.

케플러가 눈을 돌린 쪽은 비례였다. 제2법칙(면적 속도의 법칙)에서 알아냈듯이 행성의 속력이 계속 달라지면 아무도 듣지는 못하지만 행성들은 다양한 음악 소리를 내리라 생각했다. 케플러는 각 행성이 내는 음정을 계산했다.

인접한 행성들이 내는 음악 소리를 여러 가지로 비교하면서

Saturnus(토성)   Jupiter(목성)   Marsferè(화성)   Terra(지구)

Venus(금성)   Mercurius(수성)   Hic locum habet etiam(달)

[그림 5-12] 각 행성이 태양 주위를 돌 때 내는 음정을 나타낸 그림. 케플러, 『우주의
조화』 p. 207.

원일점과 근일점에서의 이동 거리의 비를 다양한 화음과 비교
했다. 예를 들면, 토성이 원일점과 근일점에서 하루에 이동하는
호의 각 비율은 장3도와 비율이 매우 비슷하고 토성이 근일점
에서, 목성이 원일점에서 하루에 이동하는 호의 각 비율은 한
옥타브인 1:2의 비율과 거의 같았다. 이런 다양한 화음을 찾아
내면서 신이 세계를 창조할 때 화음을 사용한 것을 발견했다고
매우 기뻐했다.[13]

이 과정에서 태양계의 모든 행성에 적용되는 비, 즉 공전 주기
와 타원 궤도의 장축의 반지름 사이의 관계를 말하는 제3법칙
(조화의 법칙)을 발견했다. 제1법칙(타원 궤도의 법칙)과 제2법칙
(면적 속도의 법칙)을 알아낸 지 10년 만의 일이다. 그래서
1619년에 발표된 제3법칙이 실린 『우주의 조화』[14]를 보면 음정
표가 책 전체에 걸쳐 엄청나게 많이 실려 있다. 그런데 케플러
는 어떻게 행성들이 운동하면서 음악 소리를 낸다고 생각하게
되었을까?

플라톤의 조화로운 우주

플라톤은 『티마이오스』에서 우주 제작자인 데미우르고스가 비례와 균형이라는 원리에 따라 우주를 만들었다고 차근차근 설명한다. 신은 우주의 몸을 만들 때, 먼저 불과 흙 두 가지로 만들기 시작했다. 보려면 불이 있어야 하고 접촉하려면 단단한 흙이 있어야 하기 때문이다. 불과 흙을 그다음 원소인 물과 공기와 묶으려면 어떤 끈 같은 매개체가 있어야 하는데 "본성상 그것을 가장 아름답게 완수하는 것은 비례(31c)"[15]라고 보았다. "우주가 생겨나기 이전에 그것들 모두에게는 비례도 균형도 없었다(53b).", "신은 도형과 수를 가지고서 형태를 부여해나갔다(53b)."라는 말은 자연을 구성하는 원소들을 기하학적인 도형과 수의 비례를 사용하여 결합시켰다는 뜻이다. 플라톤은 그 과정을 다음과 같이 자세하게 설명했다.

입체적인 것들을 조화롭게 맞추는 것은 결코 하나의 중항이 아니라 언제나 두 개의 중항입니다. 그래서 신은 불과 흙의 중간에다가 물과 공기를 두었고, 서로에 대하여 가능한 한 같은 비례를 산출함으로써, 즉 불이 공기에 관계하는 것처럼 그렇게 공기는 물에 관계하고, 또 공기가 물에 관계하듯이 물은 흙에 관계하게 만들어 함께 묶고는, 볼 수 있고 만질 수 있는 것으로서 하늘을 구성했습니다. 그런 이유로 해서, 실로 그런

것들, 즉 수에 있어서 네 가지 요소들로부터 세계의 몸이 생겨
났던 것이지요.(32b)

'하나의 등비중항'이 있으면 평면이고 '두 개의 등비중항'이 있
으면 입체이다. 예를 들어 두 원소 a와 $2a$ 사이의 하나의 등비
중항$^{•}$을 x라고 하면 $a:x=x:2a$로 $x^2=2a^2$이라는 뜻이다. 평면
도형 중에 정사각형을 택하여 이 식을 해석하면, 한 변의 길이가
a인 정사각형의 넓이가 a^2이므로 등비중항 x는 처음 정사각형
의 넓이의 2배가 되는 정사각형의 한 변의 길이가 된다. 즉 등비
중항 하나로 크기가 두 배인 정사각형이 만들어진다. 이제 a와
$2a$ 사이의 등비중항 두 개를 x, y라고 하면 $a:x=x:y=y:2a$가
되어 $x^2=ay$, $y^2=2ax$를 얻어 $x^4=a^2y^2=2a^3x$, 즉 $x^3=2a^3$이 된
다. 입체도형 중에 정육면체를 택하여 이 식을 해석하면, 한 모
서리의 길이가 a인 정육면체의 부피가 a^3이므로 등비중항 x는
처음 정육면체의 부피의 두 배가 되는 정육면체의 한 모서리의
길이가 된다. 즉, 등비중항이 두 개이면 부피가 두 배인 정육면체
가 만들어진다. 플라톤은 우주의 몸은 평면이 아니라 입체이므
로 등비중항이 두 개 필요하다고 설명한 것이다.

우주의 몸보다 먼저 만든 혼에 대한 설명은 그다음에 이어진
다. 혼은 있음, 같음, 다름을 혼합하여 만들어지는데, 수수께끼
같은 플라톤의 글에서 이 세 가지의 뜻을 명확히 알아차리기

• 비례식 a:b=c:d에서 b와 c가 같으면, 즉 a:b=b:d이면 b^2=ad가 된다. 이때, b는 a와
  d의 '등비중항'이라고 하며 a, b, d는 차례로 등비수열을 이룬다.

란 어려운 일이지만, 예를 들어 대략 살펴보자. '사람'은 실재하
므로 '있다'. 그런데 사람이 있기 위해서는 사람이라는 동일성
을 유지하는 '같음'이 있어야 하고, 사람과 같다는 것은 사람 이
외의 다른 것들과는 '다름'이 있다는 뜻이다. 이와 같이 세 개
념 있음, 같음, 다름을 혼합하여 혼이 만들어진다는 것이다. 이
혼을 몸과 섞기 위하여 혼을 비례에 따라 분할한다. 이 분할에
서 케플러가 우주가 만들어내는 음악에 대한 영감을 받았을
법하다.

전체에서 한 부분을 떼어냈고, 그다음으로는 그것의 2배의
부분을, 또 이번에는 첫째 부분의 3배인 부분을, 다음으로 둘
째 부분의 2배인 네 번째 부분을, 이어서 셋째 부분의 3배인
다섯 번째 부분을, 그러고는 첫째 부분의 8배가 되는 여섯 번
째 부분을, 더 나아가 첫째 부분의 27배가 되는 일곱 번째 부
분을 떼어냈습니다. 그다음으로 그는 여전히 거기서 부분들을
잘라내고 2배와 3배의 간격들 사이에 놓음으로써 2배와 3배
의 간격들 사이를 채워나갔습니다. 그리하여 각 간격 안에는
두 개의 중항이 있도록 했는데, 하나는 같은 비율에 따라 한
항보다 크고 다른 항보다는 작은 것*인 반면, 다른 하나는 같
은 수에 의해 한 항보다 크고 다른 항보다는 작은 것**이었습

• 이 수가 $\frac{4}{3}$이다. '부록 2' 참고.
•• 이 수가 $\frac{3}{2}$이다. '부록 2' 참고.

니다. 이 연쇄들로부터 앞의 간격들 안에 $\frac{4}{3}$과 $\frac{3}{2}$와 $\frac{9}{8}$의 간격들이 생겨나는데.(35b, 35c, 36a)

플라톤에 의하면 혼은 먼저 일곱 부분으로 나뉘는데, 이때 사용되는 수는 1, 2, 3, 4, 8, 9, 27이다. 1, 2, 4, 8은 2배씩, 1, 3, 9, 27은 3배씩 되는 수이다. 2배와 3배 간격이라는 말은 이런 수열의 특징을 말한다. 왜 2와 3을 택했는지는 알 수 없지만 피타고라스가 각 자연수에 의미를 부여한 것과 같이 플라톤도 자연수 2와 3을 상징적으로 중요하게 생각했을 가능성이 있다. 물론 각간격 안에 두 개의 중항(산술평균과 조화평균을 말한다)이 있다는 비례 관계를 성립시키는 수라는 측면이 더 중요했으리라.

이제 1과 2라는 간격 안에 플라톤이 말한 방법대로 하여 두 개의 중항으로 산술평균인 $\frac{3}{2}$과 조화평균인 $\frac{4}{3}$가 생기고, 두 중항의 비를 구하면 $\frac{3}{2} \div \frac{4}{3} = \frac{9}{8}$로 플라톤이 말한 세 개의 간격 $\frac{4}{3}$, $\frac{9}{8}$, $\frac{3}{2}$이 모두 생긴다('부록 2' 참고).

1	←	$\frac{4}{3}$	→	←	$\frac{3}{2}$	→	2
	$\frac{4}{3}$	중항	$\frac{9}{8}$	중항	$\frac{4}{3}$		

• 두 수 1과 2와 두 중항 $\frac{4}{3}$와 $\frac{3}{2}$ 사이의 간격

처음 만들어진 수열 1, 2, 3, 4, 8, 9, 27의 모든 간격에 대하여 이와 같은 방법으로 간격들을 만들어나가는데, 모든 $\frac{4}{3}$의 간격을 $\frac{9}{8}$의 간격으로 채워나가면서 남겨진 부분은 $\frac{256}{243}$으로 채워나간다(36b). 이 방법으로 1과 2 사이에서 만들어진 간격과 그

비를 자세히 보면 다음과 같다.

$$1 \leftrightarrow \frac{9}{8} \leftrightarrow \frac{81}{64} \leftrightarrow \frac{4}{3} \leftrightarrow \frac{3}{2} \leftrightarrow \frac{27}{16} \leftrightarrow \frac{243}{128} \leftrightarrow 2$$

$$\frac{9}{8} \qquad \frac{9}{8} \qquad \frac{256}{243} \quad \text{중항} \quad \frac{9}{8} \quad \text{중항} \quad \frac{9}{8} \qquad \frac{9}{8} \qquad \frac{256}{243}$$

• 간격을 $\frac{4}{3}$, $\frac{9}{8}$, $\frac{256}{243}$으로 채웠다.

이렇게 만들어진 수들은 피타고라스 음계를 만든다. 피타고라스는 줄의 길이를 절반으로 하면 원래의 소리와 아주 잘 어울리는 음이 난다는 사실을 알았다. 줄의 길이와 진동수는 서로 역수의 관계이므로 줄의 길이가 $\frac{1}{2}$이 되면 진동수는 2배가 된다. 이 두 음정의 간격을 '옥타브'라고 부른다. 피타고라스 학파는 진동수의 비가 정수의 비, 특히 2, 3과 같이 작은 정수의 비로 이루어질 때 아름답다고 생각했다. 그 결과 진동수의 비가 3:2, 즉 $\frac{3}{2}$이 되는 경우를 '완전 5도'라고 부르며 완벽한 화음으로 생각했다. 그 결과 진동수가 기준음의 $\frac{3}{2}$이 되는 음을 한 옥타브 안에 연속적으로 만들어내면서 음계를 완성했다. 피타고라스의 방법으로 음계를 만들면 진동수는 다음과 같이 된다.

진동수	1	$\frac{9}{8}$	$\frac{81}{64}$	$\frac{4}{3}$	$\frac{3}{2}$	$\frac{27}{16}$	$\frac{243}{128}$	2
계이름	도	레	미	파	솔	라	시	도

플라톤이 1과 2 사이에서 조화평균과 산술평균을 이용하여 만든 간격을 $\frac{4}{3}$, $\frac{9}{8}$, $\frac{256}{243}$으로 채워나가면서 만들어지는 수와 피타고라스의 음계가 일치하는 순간이다. 『티마이오스』에 구체적

으로 음악에 대한 이야기가 나오지는 않지만, 플라톤은 이미 알려져 있는 수론을 재구성하여 우주의 혼이 비례로 만들어지는 음계의 조화로운 간격을 가지고 있음을 설명했다. 그리고 우주의 몸 역시 이런 조화 속에서 만들어져야 했다.

플라톤은 혼 전체인 1과 27 사이의 간격을 이와 같은 방법으로 분할한 후, 전체를 길게 둘로 자르고는 마치 X자처럼 교차시키며 서로 접하게 하여 하나로 둥글게 구부린다. 이것을 회전하는 운동으로 감싸는데, 하나는 바깥에, 다른 하나는 안쪽에 만들었다. 바깥 원이 바로 가장 바깥에 있는 천구를 뜻하고 안쪽 원으로부터 지구, 태양, 달과 행성들의 천구가 만들어진다.

안쪽의 회전은 여섯 번에 걸쳐 잘라내어 서로 다른 크기의 원 일곱 개를 만들었는데, 그것들은 각각 두 배 간격과 세 배 간격을 따른 것이기에 그 간격들은 양자 각각 세 개씩이었지요. 신은 그 원들이 서로 반대 방향으로 운행하도록 지정하는 한편, 빠름에 있어서 셋은 비슷하게 돌도록 했고, 넷은 서로 간에는 물론 앞의 셋과도 비슷하지는 않되 비례에 따라 돌도록 했습니다.(36d)

빠름에 있어서 비슷한 셋은 태양, 수성, 금성을 말하고 비슷하지 않은 넷은 달, 화성, 목성, 토성을 말한다. 속력이 비슷하지 않아도 전체는 '비례에 따라' 돈다.

비록 플라톤이 생각했던 우주와는 태양과 지구의 위치가 바꾀었지만, 케플러가 행성들이 회전하면서 음악을 연주하고 있다고 생각한 것은 신플라톤주의자다운 생각이었다. 케플러는 행성들이 연주하는 음악의 악보를 『우주의 조화』에 실었다. 공전 주기의 제곱이 타원 궤도의 장축의 반지름의 세제곱과 비례하는 것이 바로 그 음악의 절정이었다.

6

공감과
반감을
딛고

신비주의를 딛고
일어서다

인간이 측정을 시작한 이래로 문명이 발달함에 따라 자연은 그 비밀을 하나씩 드러내왔다. 인간은 관찰과 경험적 사실을 재구성하여 지식을 넓혀왔다. 그러나 같은 자연현상이라도 이해하는 방식이나 설명하는 방식이 늘 일치했던 것은 아니다. 어떤 시대든 관찰과 경험, 지식과 사유는 사람들이 세계를 보는 방식과 불가피하게 연결되어 있었다. 지금 우리는 행동이든 말이든 사회적으로 인정받는 첫 관문이 '합리적인가?'인 시대에 살고 있다. 비합리적이라는 말이 어떤 주장의 설 자리를 빼앗아버리는 시대에 살고 있다. 이렇듯 세계를 보는 방식은 같은 시기를 사는 사람들 사이에 공유되는데, 그 당위성은 표면에 드러나기보다는 사유의 깊은 저류를 형성한다. 인식의 무의식적 체계라고 할 수 있다.

당연한 이야기이지만, 근대 이전에는 세계를 보는 방식이 지금과 달랐다. 코페르니쿠스와 케플러, 뉴턴으로 이어지는 16~17세기에는 세계를 보는 방식이 어떠했을까? 코페르니쿠스는 태양과 지구의 위치를 바꾸었지만 그 배경에는 헤르메스주의가 있었다. 케플러는 태양과 행성들의 역학 관계를 통일적으로 정립했지만 그 배경에는 운동령이라는 영적인 존재가 있었다. 이미 기계론적 자연관이 싹터 있었지만 자연 마술과 날줄과 씨줄로 엮여 있었다. 연금술, 점성술, 헤르메스주의, 신플라톤주의 등의 신비주의와 기계론적 자연관이 엎치락뒤치락하고 있었다. 이 시기에 신비주의로 지식을 구축하는 최전선에 섰던 연금술사이자 의사인 파라켈수스를 통해서 당시 사람들이 세계를 어떻게 보았는지 살펴보자.

자연에 숨은 힘은 공감을 따라

파라켈수스는 1537년 『대천문학』을 출판했다. 이 책에서 "마술사는 별의 힘을 자신이 지시하는 물체로 옮기는 것도 가능하다.", "하늘의 힘을 매개체로 끌어들여 그 매개체 속에서 하늘이 움직이도록 하는 기술이 마술이다."[1]라고 했는데, 여기서 매개체는 인간을 가리킨다. 인간 안에 행성들이나 별들이 운행하는 천구가 있어 천체들이 인체의 정해진 부위에 영향을 미친다고 생각했다. 예를 들면, 태양은 심장, 달은 뇌, 화성은 담낭에 영향을 미친다. 대우주인 천체가 소우주인 인간에게 영향을 미치기 때문에 병의 원인이나 치료법, 약제도 대우주로부터 나와야 한다고 생각했다. 즉, 치료를 위해서는 대우주 가운데서 신체의 병든 부분과 공감을 갖는 장소들로부터 이끌어낸 영적인 자질들을 제공하는 약을 써야 한다. 그가 천문학책을 쓴 이유가 바로 이것이다. 의사인 파라켈수스에게 천문학 지식은 천체의 힘이 어떻게 인체의 기능에 영향을 미치는가를 이해하기 위한 것이었다. 파라켈수스의 생각을 좀 더 구체적으로 알아보기 위해 그가 정신병에 대해 쓴 논문 『사람에게서 이성을 빼앗는 병』의 한 구절을 보면, 달은 사람의 이성을 어지럽히는 질병을 일으킬 수 있는데, 직접적인 접촉 없이 멀리서 작용한다. 자연의 공감적인 인력에 의한 원격 작용이다.

　별은 우리의 몸에 상처를 입혀 약하게 하고, 건강과 질병에 영향을 미치는 힘을 가지고 있다. 그런 힘은 물질적이거나 실체적인 형태로 우리에게 도달하는 것이 아니라, 자석이 철을 끌어당기는 것처럼 보이지도 않고 느낄 수도 없는 형태로 이성에 영향을 미친다. 〈중략〉 달은 이와 같은 인력을 가지고 있으며, 그것이 사람의 이성을 어지럽힌다.[2]

파라켈수스는 질병의 치료에 연금술도 동원했다. 그는 우리 몸에는 먹은 것을 유용한 것으로 변화시키는 연금술 기능이 있다고 보았다. 이 기능이 제대로 작동하지 못할 때 병이 생긴다고 보았기 때문에 당시의 강단 의학에서와는 달리 병마다 고유한 원인이 있다고 보았다. 따라서 병을 치료할 때는 몸속의 해당 연금술을 대체할 수 있는 약제를 써야 하므로 우주의 힘을 매개하는 약을 정제해서 추출하는 비결이 중요했다. 그러니 점성술과 연금술 없이는 의학을 할 수가 없었으며, 결국 자연 마술이 의학 지식의 바탕을 이루고 있었다. 파라켈수스에게 의학은 철학, 점성술, 연금술을 통해 자연계를 다스리고 그 숨은 능력들을 사용하여 질병을 치료하는 것이었다.[3]

달이 어지럽힌 이성을 치료할 때에는 달-은-뇌의 관계가 핵심이다. 이들의 공감을 바탕으로 치료법을 찾는다. 담낭을 치료하기 위해서는 화성-철-담낭의 관계가 핵심인데 철과 자석은 서로 공감하므로 담낭은 자석을 이용해 치료법을 찾는다.

공감에 의한 치료법의 또 다른 예로 '무기 연고'라는 것이 있다. 무기 연고란 상처가 아니라 상처를 낸 무기에 바르는 마술적인 연고이다. 무기가 멀리 떨어져 있더라도 별이 일으키는 연고의 자기적 공감 때문에 상처가 낫는다는 것으로 실제 치료 기록이 남아 있기도 하다.

이런 숨은 능력들을 인식하여 지식 안으로 들어오게 하려면 대우주와 소우주 사이에서 공감의 표징을 찾아야 했다. 공감은 유사한 것, 닮은 것 사이에서 생겨났다. 16세기 말엽까지 서양 문화에서 닮음은 지식을 구축하는 역할을 했다.[4] 세계는 해독해야 할 기호로 뒤덮여 있는데, 인간은 공감에 의해 비밀스럽고 본질적인 닮음을 가리키는 표징을 인식하면서 지식을 구축해나갔다.

르네상스는 자연 마술의 흐름을 타고

르네상스는 14세기에서 16세기에 걸쳐 진행되었다. 역사학의 통설은 르네상스 인문주의의 최대 공적이 '인간의 발견'에 있다고 한다. 1486년에 출판된 『인간의 존엄에 대하여』는 초기 르네상스 사상에 관해서 가장 널리 알려진 책으로 일컬어지는데, 피코 델라 미란돌라는 이 책에서 "인간은 위대한 기적이며" 나아가 "신은 인간을 세계의 중앙에 두었다."라고 선언했다. 신은 인간을 "자신의 자유 의지에 따라 자신의 본성을 결정해야 하는 존재"로 만들었다는 것이다. 인간은 모든 것을 인식하고 그 위에 군림할 수 있으며 자연의 주인으로서 지배자가 될 수 있다는 피코 델라 미란돌라의 이 생각은 중세의 신과 인간의 관계를 근본적으로 바꾸어놓았다. 이런 논리라면 신에게만 허락되었던 기적을 인간이 행사하는 것도 가능해진다. 그것이 바로 마술이다. 피코 델라 미란돌라는 마술은 모든 자연에 대한 인식을 획득하는 것이라면서 자연 마술은 자연철학을 절대적으로 완성한 것으로 보았다. 즉, 인간중심설은 그 이면에 마술의 복권을 동반하고 있었다. 고대인의 지혜 속에 숨겨져 있었던 마술이야말로 자연과의 관계에서 인간의 능동성과 주체성을 보증하는 논리를 제공해주었다. 이처럼 15세기 후반에 부활한 마술 사상은 꽤 단기간에 유럽 전역의 지식인들에게 영향을 미치게 된다. 그렇게 될 수 있었던 것은 그때까지의 토속적이고 주술적인 것과 구별되도록 자연 마술이 지적으로 치장했기 때문이다. 또한 새로운 사회 계급으로 대두한 도시 시민층의 지향점이 인간 중심적이고 인간 능력의 확대로 이어지는 마술 사상과 부합했기 때문이기도 하다. 파라켈수스와 뒤에서 살펴볼 델라 포르타는 전형적인 르네상스인이었다.

당시 피렌체에서 급성장한 메디치 가문의 코시모가 마술에 흥미가 있었던 이유도 학문적이라기보다는 특별한 힘으로 자연과 인간 사회를 지배하고 싶다는 세속적인 욕구에 끌렸기 때문일 것이다.[5] 코시모는 피렌체에 '플라톤 아카데미'를 설립하고 고대 그리스의 고전, 고대의 문헌을 발굴하고 번역하는 일을 적극적으로 후원했다. 특히, 플라톤 아카데미의 지도자였던 마르실리오 피치노가 번역한 『헤르메스 대전』은 이집트의 현자 헤르메스 트리스메기스투스의 말씀이라고 전해지던 것이다. 『헤르메스 대전』에 의하면 세계는 제1의 생물이고 인간은 세계 다음으로 두 번째 생물이다.

세계는 신에게 복종하고, 인간은 세계에 복종하며, 로고스가 없는 것은 인간에게 복종한다. 신은 만물을 넘어서 있으며, 만물을 감싸고 있다. 작용력은 이른바 신이 내리는 빛이며 자연은 세계가 내는 빛이며 기술과 지식은 인간으로부터 나오는 빛이다. 작용력은 세계를 통해 작용하고, 세계는 만들어질 때부터 갖고 있던 빛을 통해 인간에게 작용하고, 자연은 원소를 통해, 인간은 기술과 지식을 통해 작용한다.[6]

이와 같은 유기체적 세계상을 가진 고대 마술의 기본 사상에서는 선택된 탐구자는 우주의 신비를 알 수 있으며 그 힘을 자유자재로 조종하는 것도 가능하다고 본다. 그래서 르네상스 시대에는 선택된 자에게만 은밀히 전해져온 고대로부터의 지식을 찾아 그 기술을 습득하면 고대의 현자에 가까운 탁월한 능력을 지니게 된다고 믿었다. 당시 고문서 수집의 열풍이 불어닥친 이유의 배경에는 이와 같은 헤르메스주의가 있었다.

자연 마술은 사물들 사이에는 우리가 직접 감지할 수 없는 교류가 있으며 이를 통해 '숨겨진 힘'이 자연 현상에 작용하는 것이라는 믿음에 기반하고 있다. 마치 그물망처럼 교류들이 연결되어 있는 우주는 하나의 거대한 유기체이며, 한쪽에서 어떤 사물을 조작하면 교류를 통하여 그와 연결된 다른 사물이 조작된다고 믿었다. 마르실리오 피치노는 『천계에 의해 이끌려져야 할 생에 대하여』에서 다음과 같이 말한다.

영혼의 힘이 정기를 매개로 우리 신체 각 부분에 옮겨지듯 이 세계영혼의 힘은, 세계의 신체 내부에 있는 정기로서, 제5원소를 매개로 만물로 퍼져간다.[7]

이처럼 하늘의 물체 즉 태양과 달과 별은 우주의 정기를 통해서 지상에 에너지를 전파하고 지상의 물체에 활기를 주고 인체에 영향을 미친다. 피치노는 제5원소로서의 우주의 정기를 매개로 특수한 성질이나 숨겨진 성질 또는 숨겨진 힘이 하늘로부터 전해져 사물의 내부에 존재하게 된다고 본다. 예를 들면, 에 메랄드, 사파이어, 루비 등 보석도 각각 특이한 숨겨진 성질들을 가지고 있다고 여겼는데, 그것은 바로 하늘의 힘을 받음으로써 가능한 것이었다. 그러면서도 피치노의 『천계에 의해 이끌어져 야 할 생에 대하여』에 다음과 같이 쓰여 있는 것과 같이 르네상 스기의 자연 마술은 그 나름대로 경험적이며 실천적인 것으로 변하고 있음을 엿볼 수 있다.

마술사는 지상의 사물을 하늘에 따르게 하고, 그것이 어디 에 있든 하위의 것이 상위의 것에 따르게 한다. 그것은 여성이 수태를 위해 남성을 따르고, 철이 자화되기 위해서는 자석을 따르고, 〈중략〉 수정이 빛나기 위해 태양을 따르고, 유황이 점 화되기 위해 승화된 알코올을 따르고, 알이 부화하기 위해 암 컷 새를 따라야 하는 것과 같은 이치이다.[8]

본성이 유사한 사물들이 서로 끌어당기는 것이 마술의 작용 이라고 생각한 피치노의 이 생각은 케플러가 태양으로부터 나 온다고 생각한 영 또는 힘과 연결된다. 케플러가 생각한 태양에 서 나오는 힘은 예전에는 길버트의 자력이었고 나중에는 뉴턴 의 중력이 된다. 철이 자화되기 위해 따르던 자석은 피치노의 『플라톤의 '향연'에 대한 주석』에서는 다음과 같이 마술적인 인 력이 된다.

우리의 신체에서 두뇌, 폐, 심장, 간장, 그 밖의 모든 부분이 서로 필요로 하고 서로 돕고 〈중략〉 마찬가지로 세계라는 이 거대한 동물의 모든 부분도 서로 결부되어 본성을 함께 나눈다. 이 상호 결부는 상호의 사랑을 낳고, 그 사랑은 서로의 인력을 낳는데 이것이야말로 마술의 진수이다. 〈중략〉 이렇게 해서 자석은 철을, 호박은 보리 짚을, 유황은 불을 끌어당기고, 태양은 꽃과 잎을 자기 쪽으로 향하게 하고, 달은 바다를 끌어당기고, 화성은 항상 바람을 일으킨다.[9]

케플러가 피치노의 이 글을 보았는지 확인할 수는 있는 자료는 밝혀진 바가 없다. 다만 두 가지 사실을 고려해보아야 하겠다. 하나는 피치노가 살던 시기에 지식인들은 고문서에 열광했고 인쇄술이 성행했다는 사실이다(서유럽에 인쇄 공방이 있던 도시가 110여 개였는데 그중에 약 50개는 이탈리아, 약 30개는 독일에 있었다*). 지적으로 호기심이 왕성하고 평생을 우주의 신비를 풀려고 노력한 케플러가 르네상스의 중심에 서 있던 피치노를 공부했으리라 여겨도 되지 않을까? 또 하나 고려할 점은 델라 포르타의 『자연 마술』이다. 1558년 4권으로 출판된 이 책은

---

* 15세기 중엽에 이르러 금속 활자의 혁신을 통해 인쇄술이 급속도로 발전하면서 출판물이 다량으로 쏟아지기 시작하자 이제는 글을 배우고 책을 읽는 사람들이 많아지고, 한편으로는 항해술이 발달하여 먼 지역과의 교역이 확대되면서 자신들이 기도하며 제례를 모시는 유일신이 아닌 이단의 수괴를 따르는 사람들의 문명이 기독교 문명보다 훨씬 더 발달되었다는 사실을 알게 되었다. 이로 인해 기독교의 신이 여러 신들 중 하나일 뿐 유일한 신이 아닐지도 모른다는 의심이 생기면서 반신앙적 조짐이 발생한다.

1589년에 20권으로 증보·개정되었다. 이 책은 라틴어로 12판을, 그리고 이탈리아어, 프랑스어, 네덜란드어, 스페인어, 아랍어로 번역되면서 판을 거듭하여 찍으며 100여 년 동안 매우 널리 읽혔다. 케플러는 물론 뉴턴도 읽은 것으로 전해진다. 그 증거가 케플러가 쓴 『갈릴레오의 '항성의 메시지'와의 대화』에 실려 있다. 이 책은 망원경을 이용해 관측한 내용을 기반으로 쓴 최초의 책인 갈릴레오의 『항성의 메시지』[10]를 읽고 쓴 책인데, 네덜란드에서 망원경이 만들어지기 훨씬 이전에 델라 포르타가 망원경을 만드는 방법을 설명했다는 내용이 실려 있다. 케플러는 델라 포르타가 오목렌즈와 볼록렌즈의 성질을 설명하고 이를 올바로 조합하는 방법을 알 수 있다면 멀리 있는 사물도 가까이 있는 사물도 모두 크고 명료하게 볼 수 있을 것이라고 『자연마술』 17권에 설명해놓았다고 기록하면서 델라 포르타의 글을 인용했다.[11]

그러니 자연 마술 사상이 케플러와 뉴턴에게 영향을 미쳤을 가능성을 다음 글을 빌려 말할 수 있겠다.

영적인 것, 마술적인 것은 과학과는 정반대의 이미지를 가졌지만 근대 자연철학이 성립하는 데 큰 영향을 미쳤다. 단순화의 위험을 무릅쓰면 서양 문화의 역사에서 16세기는 자연마술의 시대이고 17세기는 자연철학의 시대이다.[12]

합리성의
함정

코페르니쿠스는 태양과 지구의 위치를 바꾸었
다. 모든 게 완벽해서 변화는 절대로 일어날 수 없는 천상의 세
계에 혜성과 신성이 연달아 나타나면서 천구가 사라졌다. 케플
러의 행성 운동 법칙은 그와 같은 상황에서 코페르니쿠스의 태
양중심설을 뒷받침하는 커다란 성과였으나 그것으로는 충분하
지 않았다. 지구가 태양을 도는 역학적인 관계를 영적인 존재에
기대어 설명한 케플러의 설명은 받아들여지지 않았다. 오히려
비웃음거리였다.

지구가 부서져 날아가지 않으려면

지구가 움직인다고 고대 그리스의 아리스타르코스가 주장했을

때부터 이에 대한 가장 흔한 공격은 지구가 움직이면 그 속력으로 인해 물체들이 지구에 붙어 있지 못하고 다 날아가버리게 되지 않겠느냐는 반론이었다. 프톨레마이오스가 『알마게스트』 I권 7장에서 펼친, 지구는 움직이지 않는다는 주장의 근거도 마찬가지 논리였다.

> 지구가 다른 물체처럼 운동을 한다면, 크기가 매우 크기 때문에 다른 물체들보다 더 빨리 회전할 것이 분명하다. 그 결과 모든 생명체를 비롯한 무게가 있는 물체들은 공중에 뜬 채 날아가버리게 된다. 지구 자체가 하늘에서 완전히 사라지는 것이다. 그러니 그런 일은 단지 생각만으로도 어리석기 그지없다.

이런 공격은 코페르니쿠스에게도, 갈릴레오에게도 제기되었다. 지구가 자전하면 높은 탑에서 떨어뜨린 돌이 탑 바로 밑에 떨어질 수는 없지 않느냐고도 했다. 돌이 떨어지는 동안에도 지구는 자전하니까 탑에서 어느 정도 벗어난 곳에 떨어져야 하지 않느냐는 아주 '상식적인' 생각이었다.

고대부터 지구가 움직인다는 주장에 대해 늘 제기되었던 질문에 대해 갈릴레오는 배에서 돌을 던지는 경우를 예로 들어 반박했다. 흘러가는 배의 돛대에서 돌을 떨어뜨리면 저쪽에 떨어지는 것이 아니라 바로 밑으로 떨어진다. 돌은 떨어지면서도 배가 흘러가는 운동을 같이 하기 때문이다. 갈릴레오는 지구에서도 마찬가지라고 설명했다. 높은 탑에서 돌을 떨어뜨리면 수직 방향으로 떨어지면서도 수평 방향으로는 지구와 함께, 즉 탑과 함께 계속 돌게 되기 때문에 탑 바로 아래 떨어지는 거라고 말이다. 이렇게 운동을 수평 방향 운동과 수직 방향 운동으로 분리하여 분석하여 자전하는 지구에서의 낙하 운동에 대해서 설명했다.

이 문제의 해결이 이미 알 비트루지에 의해 시도되었음을 기억할 것이다. '임페투스'라는 개념은 장 뷔리당에 의해 유럽에서 더욱 발전되고 결국 갈릴레오도 초기에 임페투스 이론을 받아들여 속도, 힘, 저항을 연구한 흔적을 보인다. 갈릴레오가 뉴턴으로 이어지는 운동에 관한 이론, 즉 역학에서 한 큰 역할은 관성의 원리를 발견한 것이다. 수직 운동과 수평 운동의 분리! 높은 곳에서 떨어뜨린 돌은 수평 방향으로는 지구의 자전 운동을 계속 함께 한다. 다른 힘이 가해지지 않는 한 모든 운동은 계속된다는 주장. 갈릴레오는 '관성'이라는 말은 사용하지 않았지만 처음으로 관성의 개념을 도입했다. 힘껏 뛰다가 멈추려고 할 때 바로 멈추지 못하고 조금 더 나아가게 되는 현상, 버스가 정지할 때 승객들의 몸이 앞으로 쏠리는 현상은 모두 앞으로 가는 운동을 계속하려는 관성이다. 반면 버스가 출발할 때 승객들의 몸이 뒤로 쏠리는 현상은 정지한 상태를 유지하려는 관성이다.

지구의 자전 운동에서 출발한 까닭에 갈릴레오에게 관성 운동의 궤도는 원이었다. 갈릴레오의 관성 개념에 따르면 지상계에도 원운동이 있다. 지상계와 천상계의 모든 물체는 외부의 방해가 없는 한 이미 하고 있는 운동을 계속한다는 점에서 운동의 원리가 똑같다. 관성을 현재와 같이 직선 운동으로 정립한 사람은 데카르트이다. 데카르트 역학의 출발은 신이다. 신을 운동의 제1 원인으로 보고 그 이후는 기계론적 합리론으로 설명했다. 데카르트는 외부의 작용이 없으면 물질은 자신의 운동 상태를 그대로 지속하려고 한다고 보았고 그 모양은 직선이라고 생각했다. 또, 자연 운동과 강제 운동의 구분도 없앴다. 모든 운동은 운동으로서 동일했다. 갈릴레오와 데카르트의 역학으로 인해 아리스토텔레스의 자연학은 역학에서도 설 자리를 잃었다.

모르겠다는 말을 숨기는 망토

당시 서구에서의 천문학자와 수학자, 자연철학자의 학문적 서열도 케플러의 이론을 받아들이는 데 장애 요인이었을 것이다. 천문학자와 수학자, 자연철학자 모두 천체의 운동과 지구상의 물체의 운동을 다루었지만, 다루는 관점이 달랐다. 자연철학의 과제는 운동의 원인을 밝히는 것이었다. 현상의 실질적인 원리를 설명하는, 현상을 역학적인 원인에 근거하여 설명하는 것이었다. 아리스토텔레스가 그랬듯이 돌은 왜 떨어지는지, 달은 왜 떨어지지 않는지 설명해내는 것이 자연철학자의 임무였다. 반면에 천문학과 수학은 자연철학이 제시하는 원리에 근거하여 현상을 설명하는 이론적 모델을 만드는 학문이었다. 천문학자와 수학자는 원인에 대해서는 언급할 필요가 없었다. 플라톤이 제시한 등속원운동과 아리스토텔레스의 역학의 틀 안에서 '현상을 구하는' 천체 운행의 모델을 만들면 그뿐이었다. 원을 몇 개라도 겹쳐서 천체의 운동을 기하학적으로 해석해내는 것이 이들의 임무였다.

따라서 원인을 다루는 자연철학자의 연구가 좀 더 근본적인 문제를 다루는 가치 있는 것으로 평가받았고 수학자는 자연철학자에 비해 학문적으로나 사회적으로 낮은 대우를 받았다. 코페르니쿠스나 케플러는 자연철학자로 대우받지는 못했다. 접촉도 없이 동력을 전달하다니, 태양에서 방사되는 원격력이라니, 1,000년 이상 믿어오던 기존의 체계를 버릴 만큼 만족스러운 대안으로 보이지는 않았다.

유럽 대륙의 학문을 점령한 데카르트주의자들은 뉴턴이 만유인력의 법칙을 발표했을 때도 매우 신랄한 비판을 한다. 데카르트주의 관점에서는 질량을 가진 물체가 중간에 아무런 매개 없이 서로 끌어당긴다는 생각은 도저히 받아들일 수 없는 터무니없는 것이었다. 인력의 원인을 밝히지 않고 양적인 관계만 밝히는 법칙을 발표하는 것은 자연철학자의 갈 길이 아니라는 것이다.

케플러는 코페르니쿠스의 태양중심설을 옹호한 『우주의 신비』를 출판하고 많은 사람들에게 보내 의견을 구했다. 그중에는 갈릴레오도 포함된다. 두 사람은 같은 시대를 살았고 모두 지동설을 지지했지만 입장은 좀 달랐다. 갈릴레오는 기계론적 자연관을 가졌다고 평가받는다. 기계론의 근저에는 물질은 불활성이며 수동적이라는 물질관이 깔려 있다. 그래서 기계론에서는 물체는 다른 물체에 대해 직접 접촉해서 충격이나 압력을 주는 방식으로만 작용한다. 물체들 사이에는 특유의 공감과 반감의 관계가 존재하며 자력처럼 감각적으로 인식할 수 없는 숨겨진 성질이 있다는 마술 사상과는 근본적으로 달랐다. 그래서 갈릴 레오는 케플러와 같이 태양중심설을 지지하면서도, 실험 방법과 과학적 사고들의 수학적 체계를 발전시킨 『분석자』에 다음과 같은 말을 실었다. 1623년의 일이다.

> 일부 철학자들은 공감, 반감, 숨겨진 성질, 영향력과 같은 말을 "왜 그런 일이 일어나는지 모르겠다."라는 말을 숨기기 위한 망토로 사용합니다.[13]

갈릴레오 당시 조수(밀물과 썰물)는 달의 영향이라고 널리 받아들여지고 있었음에도 갈릴레오는 『대화: 천동설과 지동설, 두 체계에 관하여』에서 조수의 원인은 대지의 운동이라는 주장을 폈다. 지구의 자전 속력과 공전 속력 변화를 바닷물이 따라갈 수 없어 해수면이 상하로 진동하는 것이 조수라는 것이다. 이런 설명으로는 조수의 주기가 하루의 절반이라는 것을 설명할 수 없는 치명적인 결함이 있음에도 불구하고 이런 설명을 고집한 이유는 근본적으로 원격력으로서의 중력을 인정하지 않았기 때문이다. 실제로 갈릴레오는 『대화』에서 다음과 같이 케플러를 비웃었다.

[케플러는] 달이 바닷물을 통솔한다는 이론에 귀를 기울이고 고개를 끄덕이고 있거든. 그런 유치한 요술에 신경을 쓰다니……[14]

접촉 없이는 운동은 일어나지 않는다

원격력을 인정하지 않은 것은 데카르트도 마찬가지이다. 데카르트는 17세기에 스콜라 철학의 비현실적인 논증, 신플라톤주의의 신비적인 교리, 마술 사상의 주관적인 논의를 대체할 새로운 학문, 새로운 철학을 만들어낸 자연철학자이다. 그는 세상을 보는 방식을 새롭게 바꾸었다. 르네상스 시기에 자력을 공감과 반감을 이용해서 설명했던 것에 대해서 데카르트는 다음과 같은 입장을 밝혔다.

자연의 힘이 동일한 순간에 멀리 떨어져 있는 지점으로 지나갈 수 있는지, 그리고 그 사이에 있는 모든 공간을 통과할 수 있는지를 고찰한다고 하자. 나는 이때 이런 작용들이 동시적으로 일어나는지를 탐색하기 위해서 자석의 힘이나 별들의 영향력에 주목하지 않을 것이며, 빛의 속도에 대해서는 더욱 주목하지 않을 것이다.[15]

데카르트는 공감과 반감, 닮음으로 지식을 구하는 것에 반대하는 입장을 명백히 했다. 두 사물 사이에서 닮음이 발견될 때, 하나에 대해서 참이라고 인정된 것을 둘 모두에게 참이라고 인정하는 것은 지식을 구축해가는 형식이 아니라 오히려 오류이고 위험이라고 했다. 이제 호두와 뇌가 닮았으니 호두가 뇌에 좋다는 식으로는 지식을 넓혀나갈 수 없게 되었다. 돈키호테가 풍차를 거인이라고 생각하고 돌진하는 건 기호와 닮음의 일치가 이미 무너졌다는 사실을 깨닫지 못하기 때문이다. '기호 아래 은밀한 닮음을 발견함으로써 세계에 대한 독해가 가능하게 한 마법'의 시대는 갔다. 돈키호테가 조롱당하는 이유이다.

> [돈키호테는] 닮음의 번쩍거림만을 증거로 여긴다. 그의 여정 전체는 유사성의 추구이다. 가장 사소한 유비조차도 다시 말하도록 깨워야 할 졸고 있는 기호처럼 그의 관심을 끈다. 가축의 무리, 하녀, 여인숙이 군대, 귀부인, 성(城)을 감지하기 어려울 만큼 아주 조금이라도 닮은 한 다시 책의 언어가 된다. 이 닮음은 언제나 어긋나고 이에 따라 애써 얻어낸 증거는 웃음거리로 변하며, 책의 말은 한없이 공허한 상태로 남는다.[16]

자력도 더는 신비한 현상이 아니었다. 데카르트는 직접적인 접촉에 의한 운동의 전파만 인정했기 때문에, 원격 작용으로 보이는 것을 입자와 운동이라는 개념으로 설명했다. 데카르트에 따르면 공간은 입자들로 꽉 차 있다. 입자는 크기와 운동 속력에 따라 세 종류로 구분된다. 입자는 신이 처음 창조할 때부터 어

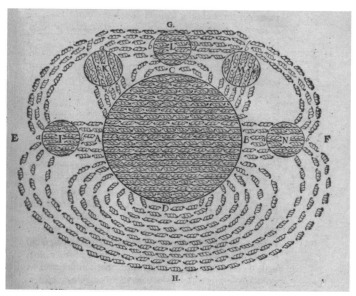

[그림 6-1] 데카르트의 『철학 원리』 4부 '지구'. 그림 중앙에 있는 원 ABCD는 지구, 주변의 작은 원 I, K, L, M, N은 각각 자석이다. 나사의 흐름으로 지구 자장이 생김을 설명하는 그림이다.[17]

떤 중심 주위로 회전하게 만들어졌고, 이것을 소용돌이라고 부른다. 이 소용돌이는 우리 감각으로는 느낄 수 없는데, 원격 작용이란 어떤 입자들이 압력과 충돌을 전달하는 결과라고 했다.

데카르트는 자력도 이런 소용돌이로 설명했다. 공감과 반감의 증거이던 자력은 이제 기계론적으로 설명되었다. 데카르트에 따르면, 자석에는 눈에 보이지 않는 아주 작은 구멍들이 있고 자석 주변에는 눈에 보이지 않는 작은 나사들이 배열되어 있어서 자석의 구멍을 통해서 작은 나사들이 통과하는데, 나사들의 운동 방향에 따라서 자석은 끌리기도 하고 서로 밀어내기도 한다는 것이다.

이런 식으로 데카르트는 자연을 합리적이고 명쾌하게 이해할 수 있는 대상으로 만들었다. 운동을 일으키는 원인으로서의 힘이라는 개념은 배제하고 물체와 공기 입자의 크기, 모양, 속력을 포함한 소용돌이 가설로 물체의 운동을 설명했다. 힘은 운동하는 물체가 운동 상태를 유지하려는 작용일 뿐, 운동의 원인은 아니다. 그의 운동학에 사용된 개념은 모양, 크기, 속력 등 모두 기하학으로 표현할 수 있는 것들이었다.

기계론적 철학의 입장에서는 자연은 법칙에 따라 움직이는 완전한 기계였다. 닮음이 아니라 비교와 식별을 통해서 동일성과 차이가 확실하게 인식된다. 데카르트의 자연학은 기계론적 물질관을 데카르트가 진리 인식의 기준으로 내세운 조건인 '명석판명'한 출발점으로 삼고 거기서부터 엄밀하게 빈틈없는 추론을 통해 사물의 속성과 행동이 논리적으로 연역되는 체계이다. 비록 데카르트의 체계가 최상의 이론은 아니었지만 아리스토텔레스주의를 전면적으로 대체할 수 있는 실질적인 가능성을 가진 최초의 사례였다.[18]

중력,
마술의 옷을 입고
나타나다

　　　　　　뉴턴이 중력에 대해 착상을 한 것은 페스트 때문에 고향에 잠시 내려가 있을 때였다. 뉴턴 사후에 남겨진 출간되지 않은 원고의 분량은 엄청난데, 그중에 add MS3968로 분류되어 있는 원고에 1665년과 1666년 사이에 벌어진 일에 대하여 뉴턴은 다음과 같이 기록해놓았다.

　또, 같은 해에 나는 달 궤도까지 미치는 중력에 관하여 생각하기 시작했고, 행성의 공전 주기의 제곱은 그 궤도 중심에서의 평균 거리의 세제곱에 비례한다는 케플러 법칙으로부터 원 궤도를 공전하는 행성이 원 궤도를 내리누르는 힘*을 계산하는 방법을 발견하여 행성을 그 궤도에 붙잡아두는 힘은 그

● 구심력을 말한다.

궤도 중심에서의 거리의 제곱에 반비례하지 않으면 안 된다고 추론했다. 다시 말하면, 달을 궤도에 붙잡아두는 데 필요한 힘과 지구 표면에서의 중력을 비교하여 거의 같다는 답을 얻은 것이다.[19]

뉴턴은 케플러로부터 케플러의 법칙만 빌려왔을까? 케플러는 '운동령'이라는 영적인 존재를 '운동력'이라는 힘으로 바꾼 바 있다. 케플러는 『신천문학』과 최초의 과학소설 『꿈』, 천문학자인 파브리시우스에게 보낸 편지에 여러 차례 우주에서 작용하는 힘에 대해 기록을 남겼다. 하나씩 살펴보자.

케플러의 『꿈』

1609년에 발간한 『신천문학』에서 케플러는 상호 인력을 동종의 물질에서만 일어나는 현상으로 제한했다. 달과 지구는 같은 종류의 물질이라 둘 사이에는 상호 인력이 작용한다. 태양과 지구 사이에 작용하는 힘은 상호 인력이 아니다. 태양과 지구를 같은 종류로 보지 않았기 때문이다. 마찬가지로 태양의 힘은 행성들을 움직이지만 그 사이에 인력이 작용하지는 않는다. 태양과 달도 같은 종류가 아니지만 지구가 달을 움직이는 힘의 근원은 태양의 힘에서 찾아야 한다고 말한다. 이것을 구분하기 위하여 1차 태양의 힘, 2차 지구의 힘이라고 불렀다. 이 두 종류의 힘은 중력과는 달랐지만 "돌이 지구를 찾는 것이 아니라 지구가 돌을 끌어당긴다."라고 말하면서 아리스토텔레스의 자연철학과 자신의 개념을 대비시켰다.

사후에 아들에 의해서 출판된 『꿈』[20]은 1608년에 쓴 소설이다. 소설보다 소설에 대한 케플러의 주석이 세 배가량 더 길다. 『꿈』의 주석 66에 『신천문학』보다 한 발 나아간 중력의 정의를 기록했다.

> 나는 '중력'을 자력과 비슷한 서로 끌어당기는 힘, 상호 인력이라고 정의한다. 서로 가까이 있는 물체에서의 이 인력은 서로 떨어져 있는 물체들 사이에서보다 더 크다. 따라서 여전히 서로 가까이 있을 때 다른 물체와 분리되는 것에 대해 더 강한 저항을 보인다.

『신천문학』에서 '상호 인력'이라고 부른 것을 『꿈』의 주석 66에는 '중력'으로 정의한다고 밝혔다. 더구나 같은 종류의 물질 안에서만 작용한다는 제한은 사라졌다. 중력을 물질에 내재된 질적인 것으로 제시한 것이다. 중력의 강도를 지배하는 물체의 크기, 물체 사이의 거리에 관심을 두던 케플러는 결국 파브리시우스에게 보낸 편지에서 중력을 무게와 거리의 곱으로 측정함을 밝힌다.

> [중력은] 큰 물체와 작은 물체에서 동일한 것입니다. 지구와 어떤 돌이 있다고 합시다. 다른 것에 의해 전혀 영향을 받지

않는다고 합시다. 나는 돌이 지구를 향해 움직일 뿐만 아니라 지구가 돌을 향해 움직일 것이라고 말합니다. 지구와 돌은 그들 사이의 공간을 무게에 반비례하여 나눕니다.

케플러는 중력은 자력 및 태양력과 같이 거리에 따라 단순하게 거리에 반비례하여 감소하는 반면, 빛은 거리의 제곱으로 감소한다고 믿었다. 케플러의 『루돌프 표』 이후 행성 궤도를 타원으로 계산한 최초의 논문은 1645년에 프랑스 천문학자 이스마엘 불리오가 출판한 『철학적 천문학』이다. 불리오는 케플러를 지지했으나 케플러의 운동령이라는 가정을 거부했고 많은 분량을 들여 이를 반박했다. 또, 운동령이 태양에서의 거리에 반비례한다는 가정에 대하여 "점광원*에서 방출된 물질적인 영은 광원과의 거리의 제곱에 반비례해야 한다."라고 반대했다. 뉴턴은 1686년 6월 20일 에드먼드 핼리에게 보낸 그의 편지에 "불리오는 태양에서 나오는 모든 힘은 태양으로부터의 거리의 제곱에 반비례해야 한다(역제곱 법칙)고 썼습니다."라며 불리오로부터 역제곱 법칙을 알게 되었다고 썼다.[21] 불리오는 케플러의 운동령을 거부하는 데 치중하여 역제곱 법칙을 가볍게 흘려버리고 말았다.

사실 불리오는 뉴턴, 크리스티안 하위헌스, 로버트 훅 등과 같이 런던 왕립학회의 회원이었고 17세기 후반부터 18세기까지 서구에서 활동한 장거리 지적 교류 공동체인 '리퍼블릭 오브

• 빛을 방출하는 물체를 크기와 형태가 없는 하나의 점으로 취급할 때 '점광원'이라고 한다.

레터스(Republic of Letters)'의 회원이었다. 불리오는 현재까지 5,000통의 편지가 전해질 정도로 매우 활발하게 활동했다. 1680년 1월에 로버트 훅은 뉴턴에게 "내 가정은 인력은 항상 중심으로부터의 거리의 제곱에 반비례한다는 것입니다"[22] 라고 편지를 보냈다. 길버트가 자력이라고 보았던 그 인력이 태양과 행성, 지구와 달 사이에서 거리의 제곱에 반비례한다는 사실은 불리오와 훅을 거쳐 널리 받아들여지게 되었다.

『프린키피아』, 신비한 힘의 모습을 드러내다

뉴턴의 중력에 대한 연구가 알려진 것은 에드먼드 핼리 덕분이다. 1684년 8월 에드먼드 핼리는 케임브리지에 있던 뉴턴을 방문했다. 그렇다면 핼리는 왜 뉴턴을 찾아왔을까? 케플러가 행성 운동 법칙들을 발표한 지 몇십 년이 지났지만 케플러의 행성 운동 법칙은 귀납적으로 발견한 법칙이었고, 그때까지도 연역적으로 증명되지는 않은 상태였다. 로버트 훅, 에드먼드 핼리, 크리스토퍼 렌, 크리스티안 하위헌스 등 당시 내로라하는 학자들 모두 이를 연역적으로 설명해내지 못하고 있었던 것이다. 마침내 런던에 있는 왕립학회를 중심으로 교류하던 이들 중 핼리가 뉴턴을 찾아가기로 했다.

핼리가 만일 중력이 역제곱 법칙을 따른다면 행성들의 궤도는 무엇이겠냐고 묻자 널리 알려진 대로 뉴턴은 아무것도 아니라는 듯 타원이라고 대답했다고 한다. 그리고 1684년 11월에 9쪽짜리 짧은 논문이 핼리에게 발송된다. 여기에는 행성의 타원 궤도를 포함하여 구심력과 주기의 관계, 면적 속도의 법칙 등이 간단하게 포함되어 있다. 핼리의 격려와 독촉으로 중력에 대한 문제를 전반적으로 해결하기에 나선 뉴턴은 거인들의 어깨를 딛고 올라서 1686년 『프린키피아』 I권을 탈고하고 이어 II권, III권을 집필하여 1687년 모두 출판하기에 이른다.

『프린키피아』는 유클리드의 『원론』처럼 정의, 공리 등을 명백히 한 후 정리를 증명해나가는 방식으로 전개되어 있다. I권의 제목은 '물체의 운동'으로 「정의」, 「공리 또는 운동 법칙」, 「물체의 운동」으로 구성되어 있는데, 「정의」에서는 질량, 운동, 힘, 구심력 등을 정의하고, 「공리 또는 운동의 법칙」에서는 우리에게 잘 알려진 운동의 법칙 1, 2, 3을 밝혀놓았다. 법칙 1은 '관성의 법칙', 법칙 2는 '가속도의 법칙 F=ma', 법칙 3은 '작용 반작용의 법칙'이다. 법칙 3의 따름정리 1은 두 힘의 작용을 동시에 받는 물체는 두 힘이 나타내는 두 변으로 만들어지는 평행사변형의 대각선을 그리며 운동한다는 내용으로 지금의 표현으로는 두 벡터의 합을 뜻한다. 「물체의 운동」에서는 물체의 운동에 관한 일반적인 논의를 펴면서 구심력, 케플러의 법칙 등을 연역적으로 이끌어낸다. II권에서도 물체의 운동을 다루는데, 이번에는 저항을 가진 매질 속에서의 운동을 다룬다. 여기서 자신의 운동 법칙을 이용하여 데카르트의 소용돌이 이론이 잘못된 것임을 보인다. III권의 제목은 '우주의 체계'로, 여기에서는 I권에서 얻은 정리들을 태양계의 주된 현상, 행성 및 그들의 위성의 질량, 거리를 결정하면서 조수 이론을 상세히 다루었다.

케플러의 법칙을 이론으로 증명하면서 만유인력의 법칙으로 나아가는 길만 다시 간단히 정리하면, I권에서는 케플러의 법칙을 포함하여 물체의 운동에 대한 일반적인 원리를 기하학적으로 증명하고, III권에서는 이를 태양계에 적용하여 실제로 행성들의 질량, 거리, 인력 등을 계산한다. 그 과정에서 I권의 명제 98개, III권의 명제 42개는 서로 유기적으로 엮여 있어 명제 한 개를 짧게, 단독으로 증명하기는 매우 어렵다. 예를 들면, 케플러의 제1법칙, 제2법칙은 III권 명제 13 정리 13에서 선언되는데, 이것의 증명 내용을 보면 I권의 명제 1, 명제 11, 명제 13의 따름정리 1, 명제 66을 근거로 든다. 실제로 케플러의 제1법칙은 명제 11에서, 제2법칙은 명제 1에서 거의 증명되었다고도 볼수 있지만 완전한 증명을 위해서는 이와 같이 여러 개의 명제와 따름정리를 동원해야 한다.

〈III권 명제 13 정리 13〉 각 행성은 태양의 중심을 공통된 초점으로 하는 타원 궤도 위를 움직이며, 또한 그 초점에서 행성까지 그은 선이 휩쓴 면적은 시간에 비례한다.[23]

뉴턴은 케플러의 제1법칙만을 증명하는 데서 그치지 않고 이를 일반화했다. I권의 명제 11 문제 6에서는 물체가 타원 위를 공전하면 타원의 초점으로 향하는 구심력은 거리의 제곱에 반

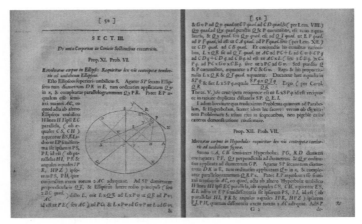

[그림 6-2] 뉴턴의 『프린키피아』 I권 3장 명제 11 문제 6. 라틴어 초판.

비례함을, 명제 12 문제 7에서는 궤도가 쌍곡선인 경우에, 명제 13 문제 8에서는 포물선인 경우에도 역제곱 법칙이 성립함을 증명하고, 명제 17 문제 9에서 물체가 역제곱 법칙을 따르면 그 물체의 궤도는 원뿔곡선임을 증명하여 케플러의 제1법칙을 필요충분조건으로 증명했다.

뉴턴은 『프린키피아』에서 '만유인력'이라는 용어는 사용하지 않았다. '인력' 또는 '중력'이라는 용어를 사용했는데, 우리가 흔히 알고 있는 만유인력 법칙은 III권 명제 7 정리 7이다.

〈III권 명제 7 정리 7〉 중력은 물체에 보편적으로 존재하고, 그 크기는 물체 각각의 양에 비례한다.

다른 명제에서도 보았듯이 이 명제의 증명은 이 명제에 독립적으로 설명되어 있지 않다. I권의 명제 69 정리 29, 명제 71 정리 31, 명제 74 정리 34, 운동의 법칙 3 등 여러 개의 정리를 거쳐 증명된다. 여기에서는 『프린키피아』의 증명보다 간단하게 케플러의 법칙에 그의 구심력과 운동의 법칙을 사용하여 만유인력 식을 유도해보자. 1666년에 이미 중력에 대한 착상을 했지만 『프린키피아』에서와 같은 식을 만들어내기까지는 물체의 운동에 대한 연구가 뒷받침되어야 했음을 알 수 있다.

계산을 간단하게 하기 위해 행성들은 태양을 중심으로 등속원운동한다고 가정하자(타원의 경우에도 거의 비슷하다). 상수 κ를 도입하여 케플러의 제3법칙을 $\kappa T^2 = r^3$으로 나타내면 뉴턴의 제2법칙 $F = ma$에 의하여 $F = 4\pi^2 \kappa \frac{m}{r^2}$이 유도된다. 이 식은 구심력 F가 거리 r의 제곱에 반비례하고 행성의 질량 m에 비례한다는 것을 보여준다. 그러나 행성 입장에서 보면 태양이 구심력을 받아 원운동하는 것이고 뉴턴의 제3법칙인 작용 반작용의 법칙에 의하면 두 인력은 같으므로* 구심력은 태양의 질량에도 비례하는 형태를 보일 것이다. 이렇게 생각해서 $4\pi^2 \kappa$라는 상수는 태양의 질량 M과 또 다른 상수로 이루어져야 한다고 생각해서 만유인력상수 G가 등장한다. 정리하면, 위 식에서 상수 $4\pi^2 \kappa$는 태양의 질량 M과 만유인력상수 G의 곱으로 대체하면 다음과 같은

• 인력은 서로 끌어당기는 상호 작용이므로 두 물체가 있을 때, 한 물체가 끌어당기는 힘과 다른 물체가 끌어당기는 힘은 같다. 이는 지구와 사람처럼 무게가 크게 차이 나는 경우에도 마찬가지이다. 그러나 인력이 작용한 결과는 다를 수 있다. 뉴턴의 제2법칙에 의하면 물체의 가속력은 물체의 질량에 반비례하는데, 똑같은 힘이라도 사람은 가벼우므로 가속시킬 수 있지만 지구는 무거워서 가속시키기에 부족할 수 있기 때문이다.

만유인력 법칙을 얻는다('부록 3' 참고).

$$F = G \frac{mM}{r^2}$$

케플러의 제3법칙은 만유인력을 구하는 데만 쓰이지 않고 행성, 태양의 질량, 밀도를 구하는 데도 쓰였다. 『프린키피아』 III권 명제 8 정리 8에서는 이를 구할 수 있음을 설명하는데, 케플러의 제3법칙을 일반화한 $T^2 = \frac{4\pi^2}{G(m+M)} r^3$ (m, M은 두 물체의 질량)에 의해 두 물체의 운동으로부터 질량을 추정할 수 있어 천체들의 성질과 진화를 이해하는 데 큰 역할을 해오고 있다.

지구를 무수히 자르고 합친 미적분

『프린키피아』를 완성하기 전에 뉴턴에게는 해결해야 할 문제가 있었다. 사과와 지구 사이에 작용하는 중력을 예로 들자면, 식 $F = G \frac{mM}{r^2}$에서 사과와 지구 사이의 거리 r를 지구의 중심에서부터 사과까지로 한 근거가 부족한 것이 문제였다. 사과는 작기 때문에 사과 표면 또는 사과 중심 등 어디를 거리의 기준으로 삼든 별문제 없지만 지구는 몹시 크기 때문에 거리의 기준을 어디로 정하느냐에 따라 거리가 매우 많이 달라지기 때문이다. 결국 지구 전체의 질량이 지구의 중심 한 점에 집중되어 있는 것처럼 작용한다고 추정하여 거리의 기준을 지구의 중심으로 정했지만 이는 근사치에 지나지 않는다고 생각했다.

뉴턴은 페스트 때문에 대학교가 문을 닫자 고향에 내려가 있던 1666년경에 수학, 광학, 천문학 등에서 중요한 발견을 했다. 유명한 사과 일화도 이 시기의 일이다. 중력에 대한 이론을 완성하려면 위에서 설명한 문제를 해결해야 했다. 이 문제를 해결한 것은 『프린키피아』 I권을 완성하기 1년 전인 1685년이다. 이 내용은 『프린키피아』 I권 명제 70, 71에 증명되어 있다. 뉴턴의 머릿속에서 어떤 일이 벌어졌는지 알아보자.

지구 바깥에 사과가 있다. 뉴턴은 지구가 사과에 미치는 중력을 계산할 때 거리 문제를 없애기 위해 지구를 매우 작게 나누었다. 조각들은 상상하는 것보다도 엄청나게 작아 각각의 조각들과 사과 사이의 거리를 정하는 데에 문제가 없다. 이 조각들이 사과에 미치는 중력을 모두 합하면 지구 전체가 사과에 미치는 중력이 된다는 생각이다. [그림 6-3]에서 조각들의 질량이 dM_i, 이 조각과 사과 사이의 거리가 r_i이다.[24]

그러나 조각마다 거리가 다르면 중력을 합하기 어려우므로 [그림 6-4]와 같이 지구를 자르는 방법을 바꾸었다. 첫 번째 단계로 지구를 양파와 같은 구조로 생각한다. 양파 한 겹과 같이 속이 빈 얇은 구 모양의 껍질(구각)이 겹겹이 쌓여 지구가 되는 셈이다. 두 번째 단계로 속이 빈 하나의 구각을 수직으로, 매우 얇게 무수히 많은 조각으로 자르면 이 구각은 크기가 일정하게 변하는 무수히 많은 얇은 원형의 고리로 분해된다. 원같이 거의 두께가 없는 이 고리를 작은 조각들로 분해하여 생각하면 모든

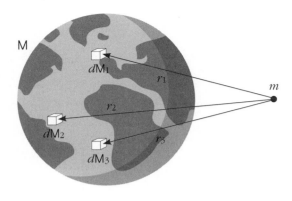

[그림 6-3] 뉴턴의 기본 아이디어. 질량이 dM_i인 조각이 질량이 m인 물체와 거리 r_i만
큼 떨어져 있다. 이 조각들의 중력을 모두 더하면 전체 질량이 M인 물체가 질량이
m인 물체에 작용하는 중력이 된다.

조각들은 사과로부터 거리가 같다고 볼 수 있다.

이제 다시 거슬러 올라가자. 뉴턴은 하나의 원형 고리가 사과
에 미치는 중력은 원형 고리의 질량이 마치 고리의 중심 한 점
에 집중되어 있는 것처럼 작용함을 증명했다. 모든 원형 고리에
이 원리를 적용하면 하나의 구각의 중력도 마치 구각의 중심 한
점에 질량이 집중되어 있는 것처럼 작용한다. 가장 작은 원형 고
리부터 가장 큰 원형 고리까지 연속적으로 이어져 있는 고리들
이 사과에 미치는 중력을 계산하여 더하면 하나의 구각이 사과
에 미치는 중력이 되기 때문이다. 다시 하나의 구각의 중력이 마
치 구각 중심 한 점에 질량이 집중되어 있는 것처럼 작용하므로
모든 구각에 이 원리를 적용하면 지구의 중력도 마치 지구 중심
한 점에 질량이 집중되어 있는 것처럼 작용한다. 가장 속에 있는
구각부터 가장 바깥에 있는 구각까지 연속적으로 이어져 있는

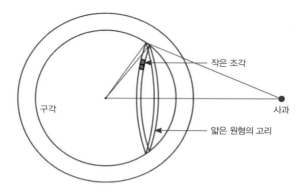

작은 조각

구각

사과

얇은 원형의 고리

[그림 6-4] 양파 같은 구각 구조. 그중 한 구각을 수직으로 잘라 매우 얇은 원형의 고리
를 만든 후, 이것을 작은 조각들로 분해하면 모든 조각들은 사과로부터 거리가 같다.

무수히 많은 동심 구각이 사과에 미치는 중력을 모두 더하면 지
구의 중력이 되기 때문이다. 결론은, 지구의 중력을 계산할 때는
지구의 질량이 지구 중심 단 한 점에 집중되어 있는 것처럼 작
용한다고 보아도 됨을 증명해낸 것이다. 물론 이는 지구만이 아
니라 천체 모두에 해당되며, 이를 '구각정리'라고도 부른다.

뉴턴은 지구와 달 사이의 중력을 계산할 때 지구의 중심에서
부터의 거리를 사용했지만 추정에 바탕을 둔 서술은 불완전함
을 알고 있었다. 『프린키피아』를 쓰면서 당시의 수학으로는 이를
설명할 방법이 마땅치 않자 뉴턴은 이 '연속적으로 분포하도록'
지구를 무한히 얇게 자르고 다시 합하는 생각을 했고, 이 과정
을 수학으로 다루기 위해 '적분'이라는 도구까지 만들기에 이르
렀다(물론 『프린키피아』에는 기하학적인 증명만 실려 있다). 만유인
력의 법칙을 발견한 지 20여 년 만의 일이다.[25]

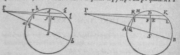

[그림 6-5] 『프린키피아』 I권 명제 71.[26]

　　뉴턴은 필요한 도구를 스스로 만들어내는 장인처럼 중력을
계산하기 위해 '적분'이라는 아이디어를 생각해냈다. 이 아이디
어에 바탕을 두고 『프린키피아』 I권 명제 70에서는 물체가 지구
안쪽에 있을 때 작용하는 중력, 명제 71에서는 물체가 지구 바
깥에 있을 때 작용하는 중력을 구하는 방법에 대하여 기술하여
만유인력 법칙으로 가는 탄탄한 길을 텄다.

마술에서 만유인력을 건져 올리다

뉴턴이 『프린키피아』를 완성하기 위해 케플러의 법칙 세 가지만 딛고 올라선 것은 아니다. 갈릴레오가 정량화한 낙하하는 물체의 운동, 데카르트의 관성의 발견도 그가 딛고 올라선 거인의 어깨이며 로버트 훅의 중력에 대한 생각, 하위헌스의 구심력에 대한 연구도 모두 그가 딛고 올라선 거인의 어깨이다. 그리고 오랫동안 조명받지 못한 또 하나의 거인이 있다. 바로 자연 마술 사상이다.

　『프린키피아』를 발표하고 나자 접촉 없이는 운동이 일어날 수 없다는 원칙을 가진 데카르트주의자들은 중세의 신비한 힘을 도입했다고 비난했다. 라이프니츠도 모든 물체가 오로지 질량 때문에 아무리 먼 거리에서도 서로 잡아끄는 힘을 갖는다는 말을 도무지 믿을 수가 없다고, "이는 실제로 숨겨진, 말하자면 설명할 수 없는 어떤 성질로 다시 소급된다는 뜻이다."라며 비판했다. 좀 더 합리적인 이론을 원했던 라이프니츠는 뉴턴의 인력을 사용하지 않고 데카르트의 소용돌이 이론을 변형한 자신의 이론을 바탕으로 케플러의 행성 운동 법칙을 증명하려고 시도했다. 미적분학의 언어로 쓴 「천체 운동의 원인 고찰」이라는 논문을 1689년에 발표했으나 케플러의 행성 운동 법칙 중 두 개만 재구성해내는데 그치고 제3법칙은 증명하지 못했다.[27]

　중력의 원인을 설명하라는 데카르트주의자들의 집요한 공격에 뉴턴은 『프린키피아』 III권 끝부분에 다음과 같은 글을 남겼다.

> 우리는 지금까지 천공과 우리의 바다에서 일어나는 현상을 중력으로 설명해왔습니다만, 중력의 원인을 꼭 집어 말하지는 않았습니다. 사실 이 힘은 어떤 원인으로부터 생기는 것입니다. 〈중략〉 그렇지만 나는 가설을 세우지 않습니다. 왜냐하면 현상으로부터 도출할 수 없는 것은 그것이 무엇이든 '가설'이라고 불러야만 하기 때문입니다. 그리고 그 가설은 형이상학적인 것이든 형이하학적인 것이든, 숨겨진 성질이든 기계론적인 것이든 '실험철학'에서는 설 자리가 없기 때문입니다.

케플러와 뉴턴이 자연 마술 사상에 한 발을 담그고 있으면서도 행성 운동의 법칙, 만유인력의 법칙을 발견할 수 있었던 것은 알 수 없는 것은 남겨둔 채, 확실하게 파악된 것에서 정량적인 법칙을 도출한 바로 그 때문이 아닐까?

케플러가 행성 운동의 법칙 세 가지를 추리해낸 것은 튀코 브라헤로부터 넘겨받은 방대한 양의 관측 자료로부터 그의 뛰어난 수학 실력이 만들어낸 귀납법의 결실이라고 볼 수 있다. 그렇지만 그 이면에 깔린 자연 마술 사상이 없었더라면 가능했을까? 우주를 살아 있는 생명체로 보고 그 형이상학적 중심에, 운동령이 작용하는 물리적 중심에 태양을 놓고 그 힘이 자력처럼 멀수록 약해진다는 생각을 받아들였기 때문에, 그리고 살아 있는 생명체로서의 우주 체계를 일관성 있게 설명하려는 신념 덕분에 가능하지 않았을까?

케플러의 업적은 100여 년이 흘러 뉴턴에게로 와서 완성된다. 케플러는 귀납적으로 행성의 궤도가 타원임을 밝혀낸 반면, 뉴턴은 그것을 연역적으로 증명했다. 뉴턴은 케플러가 생각한 운동력, 당시 두 물체 사이의 거리의 제곱에 반비례한다고 알려져 있던 서로에게 미치는 힘을 '만유인력'이라고 부르며 두 물체 사이의 만유인력의 관계식을 완성했다. 사실 우주의 물체 사이에 작용하는 이 힘은 공간을 가로질러 작용한다. 아무리 멀리 떨어져 있어도 전달되는 절대적인 힘이다. 헤르메스주의에서 많이 사용하던 공감과 유사한 개념이다. 신비주의는 과학의 어머니라고 해야 하지 않을까?

뉴턴은 당시 세계에서 연금술에 대한 책을 가장 많이 가지고 있던 사람으로 전해진다. 많은 시간을 연금술 실험에 보낸 연금술사이다. 물질에는 우리가 모르는 성질이 있어 이를 파악하면 다른 성질로 변환시킬 수 있다는 뉴턴의 연금술적 생각은 훌륭한 과학자의 숨겨야 할 면모가 아니다. 그들의 자연 마술은 단순히 점을 치고 납을 금으로 바꾸는 것이 아니었다. 그것은 물체에, 우주에 숨겨져 있는 놀라운 성질, 체계의 일관성을 밝혀낼 수 있었던 동력이었다. 근대의 합리성으로 무장한 데카르트주의자들은 케플러나 뉴턴을 신비주의에 발을 딛고 서 있다며 비난했지만, 결국 과학 혁명의 완성은 케플러의 숨겨진 힘, 뉴턴의 중력을 통해 이루어졌다.

☼

책을 마치며

◑　　　　근대 이전의 지식 체계는 통합적이었다. 선험적
으로 제시된 이론에 기반하여 세상을 이해했다. 등속원운동이
라는 원리 하나로 우주를 이해하려던 태도도 바로 그런 것이다.
플라톤과 아리스토텔레스의 철학으로 전해지는 선험적인 세계
관은 중세 이슬람 세계와 유럽에서도 굳건히 지켜졌다. 신의 뜻
까지 가세하면서 영원할 것 같았다. 그러나 작은 파열들이 쌓이
고 쌓이면서 근대가 열렸다.

계산 가능한 질서의 시대, 그리고 제국주의

17세기 이후 근대라고 부르는 시대의 지식 체계는 통합적이지
않고 분석적이었다. 갈릴레오의 말처럼 자연은 수학이라는 언

어로 읽어내고 표현할 대상이었다. 근대의 문을 연 사람들이 근대 이전의 지식 체계에 파열을 낸 사람들과 다른 점은 자연을 관찰·분석한 결과를 수학으로 기술했다는 점이다. 즉, 마술적 전통에 속한 개념을 등식과 같은 수학적 형식으로 표현하여 지식화했다는 점이 그 이전 세대와 결정적인 차이이다. 이렇게 하여 수학화하려는 태도, 계산하려는 태도가 영향력을 갖게 되었다. 미술에서의 원근법이나 기하학적 투시법, 음악에서의 평균율의 등장, 동식물의 분류, 부의 교환에 대한 이론 등 근대 이전에는 계산하지 못하던 것들도 계산하려는 태도가 자리 잡게 되었다.

이러한 '계산 의지', '계산 가능성'은 근대의 특징이 되었다. 원래 모든 사물은 자신만의 특성을 지니고 있어 비교되기 어려운 것이었는데, 자연과학은 물론 예술, 경제, 인구, 정치의 모든 영역이 '계산 가능성'의 영역으로 들어오는 변화가 일어났다.

그렇게 형성된 근대성은 유럽의 제국주의 시대를 거치며 세계를 마름질하는 새로운 기준을 만들어냈다. 민족과 사회와 문화의 다양성은 부정되고 오로지 유럽의 시각으로 세계를 재단하게 되었다. 그들이 만든 근대성이 '보편적'인 양 사고하게 내면화되었다. 유럽 문명의 기원으로 추앙된 그리스가 인류 지식의 기원이며 다른 문명은 열등한, 유럽의 발달을 따라가지 못한 세계라는 인식의 틀이 짜여졌다. 그리스가 이집트, 메소포타미아에서 배워 온 지식은 사막 속에 묻어버렸고, 아랍어를 배워가면서까지 이슬람 세계의 지식을 찾아 읽었으면서도 이슬람 세계에 야만의 이미지를 씌워버렸다.

그뿐만 아니라 계산 가능성과 거리가 먼 마술 사상도 멀리 날려버렸다. 중력은 마술적 요소가 많은 개념이었지만 자연 마술 사상은 탈색시켜버리고 마치 처음부터 합리적인 개념이었던 듯 바꾸어버렸다. 계몽주의 시대를 포함하여 약 300년에 걸쳐 벌어진 일이다.

달력과 지도 안으로 걸어 들어가서

지금 우리는 근대성이 만들어낸 인식의 틀 안에서 살고 있다. 수학화, 계산 가능성이라는 패러다임은 지금도 여전히 유효하다. 모든 것이 컴퓨터 안으로 빨려 들어가고 있는 현대 사회에서 계산 가능성이 더욱 확장되고 있다. 계산 가능하지 않은 것들, 영혼의 돌봄이나 배려나 공감같은 것들은 시대에 뒤처진 것으로 주목받지 못한다. 그리고 근대성이 만들어낸 우월함으로 인해 서구의 시각으로 세계를 재단함을 당연하게 여긴다. 그러나 지도를 펼치고 달력을 넘겨보자.

고대 천문학을 집대성한 프톨레마이오스가 살던 2세기의 이집트, 일식을 계산하고 지구의 자전에 대한 기록을 남긴 아리아바타가 살던 6세기의 인도, 아바스 왕조가 지혜의 집을 세우고 수많은 학자들의 연구를 후원하던 8세기 이후의 바그다드. 그곳에서는 유럽이 세계의 표준이 아니었다. 아랍어로 된 문헌을 라틴어로 번역하던 11세기 무렵의 안달루스, 그리고 코페르니쿠스가 태양중심설로 갈 수 있는 길을 연 알 투시가 살던 13세기의 페르시아에서도 마찬가지였다. 오히려 유럽은 중세 암흑기 1,000년이라는 시간을 보내고 있었다. 천문학의 '개념적인 혁명'을 이루어낸 알리 쿠시지가 활동한 14세기 티무르 제국의 사마르칸트와 오스만 제국의 이스탄불에서도 마찬가지이다. 그 시절, 그곳에서 살던 사람들에게 서구 우월주의라는 말은 없었다.

인식의 굴레를 벗어나려면 달력과 지도를 앞에 놓고 사고해야 한다. 지금 나에게 씌워진 인식의 굴레는 내가 현재, 여기 있어서 씌워질 수 있었기 때문이다. 내 몸에 배인, 내 눈을 멀게 한 세계에 질서를 부여하는 기존의 방식에서 벗어나려면 내가 딛고 선 지도 위에서 내 앞에 걸려 있는 달력을 보면서 인간의 역사를 돌아본 것이 하나의 방법이 되리라 믿는다.

[부록 1]
프톨레마이오스의 화성 모델

프톨레마이오스가 사용한 화성의 충이 일어난 날짜와 위치는 다음과 같다.

- 첫 번째 충: 하드리아누스 15년, 이집트 달력으로는 첫 번째 페레트 26/27일(130년 12월 14/15일) 자정 1시간 후. 쌍둥이자리 21°
- 두 번째 충: 하드리아누스 19년, 이집트 달력으로는 네 번째 페레트 6/7일(135년 2월 21/22일) 자정 3시간 전, 사자자리 28:50°
- 세 번째 충: 안토니누스 2년, 이집트 달력으로 세 번째 셰무 12/13일(139년 5월 27/28일) 자정 2시간 전, 궁수자리 2:34°

황도 12궁에서의 쌍둥이자리, 사자자리, 궁수자리의 위치를 참고하면 지구에서 바라본 세 번의 충 사이의 간격을 알 수 있다. 75쪽의 [그림 2-13]에서 첫 번째 기간에 이동한 각 KNL은 67;50°, 두 번째 기간에 이동한 각 LNM은 93;44°이다. 한편, 첫 번째 기간, 두 번째 기간에 걸린 날짜를 알면 등각속도점을 중심으로 한 회전각도 알 수 있다. 모든 행성은 등각속도점을 중심으로 일정한 속력으로 1년에 360°를 돌기 때문이다. 첫 번째 간격은 4년 69일 20시간, 두 번째 간격은 4년 96일 1시간이므로 이로부터 등각속도점을 중심으로 첫 번째 기간에 이동한 각 EθZ는 81;44°, 두 번째 기간에 이동한 각 ZθH는 95;28°임을 알 수 있다.

프톨레마이오스는 『알마게스트』 X권 7장에서 각 CNR의 크기를 구하고, 이를 세 번째 충이 일어난 점 C의 위치와 더하여 근일점의 위치를 알아낸다. 여기에 180°를 더하면 원일점의 위치가 구해진다.

그런데 각 CNR를 구하기 위해 먼저 각 CθN을 구할 때 여러 쪽에 걸쳐 비슷한 계산을 반복한다. 그 이유는 무엇일까? 그림에 원이 3개 있어서 생기는 문제이다. 사람이 관측하여 얻은 값 67;50°와 93;44°는 황도의 중심(지구)인 N을 중심으로 하는 원, 즉 황도 위에 있는 점으로부터 얻은 각이고, 등각속도점으로부터 얻은 값 81;44°와 95;28°는 등각속도점 θ가 중심인 원 위에 있는 점으로부터 얻은 각이다. 첫 번째 충의 위치인 A와 등각속도점 θ와 이은 직선 θA에서 생긴 점 E와 지구 N을 이으면 직선 NA와 직선 NE는 원 N 위에서 호 KS만큼 차이가 난다. 두 번째, 세 번째 충의 위치인 B, C에서도 마찬가지이다. 호 LT, 호 MY만큼 차이가 난다. B에서 C로 갈 때 등각속도점으로부터 계산한 각 $Z\theta H = 95;28°$는 호 ZH에 대한 각이므로 지구 N에서 이 호를 바라본 각은 ZNH가 되어 각 LNM에서 각 LNT, 각 MNY를 뺀 값으로 해야 한다.

결국 프톨레마이오스는 세 개의 관측값으로부터 이심거리 DN을 구한 후, KS, LT, MY를 구하여 관측값을 수정하고 다시 이 과정을 한 번 더 하여 관측값을 또 수정하여 각 $C\theta N = 44;21°$를 얻는다. 다시 평면도형의 성질과 비례를 이용한 복잡한 계산 과정을 거쳐 이심거리 DN은 6(따라서 이심률은 0.1), 등각속도점과 지구에서 세 번째 충의 위치를 바라본 각 $\theta CN = 8;35°$를 얻는다. 삼각형에서 한 외각의 크기는 이웃하지 않은 두 내각의 크기와 같으므로 각 $CNR = 52;56°$가 된다.

세 번째 충의 위치 C는 궁수자리 $2;34°$였으므로 $52;56°$를 더하면 염소자리 $25;30°$가 된다. 이것이 근일점의 황도상의 위치이다. 여기에 $180°$를 더하면 원일점의 위치는 게자리 $25;30°$이다. 프톨레마이오스는 이런 방법으로 화성의 매개변수인 이심거리와 원일점의 위치를 구했다.

[부록 2]
플라톤의 두 비례중항 만들기

1과 2라는 간격 안에 플라톤이 말한 방법대로 하여 두 개의 중항 $\frac{4}{3}$, $\frac{3}{2}$ 을 만드는 방법은 다음과 같다.

먼저 "하나는 같은 비율에 따라 한 항보다 크고 다른 항보다는 작다."를 보자. 이 문장은 어떤 비율이 있어 1보다는 1에 그 비율을 곱한 만큼 크고 2보다는 2에 그 비율을 곱한 만큼 작은 수가 있음을 의미한다. 그 수가 $\frac{4}{3}$인지 확인해보자.

1과 $\frac{4}{3}$의 차에서 얻은 $\frac{1}{3}$이 바로 그 비율이라면 1에 그 비율을 곱한 만큼 큰 수는 $1+1 \times \frac{1}{3}=\frac{4}{3}$, 2보다는 2에 그 비율을 곱한 만큼 작은 수는 $2-2 \times \frac{1}{3}=\frac{4}{3}$가 되어 '같은 비율에 따라 크고 작은' 수는 $\frac{4}{3}$이므로 $\frac{4}{3}$가 두 개의 중항 중의 하나임을 확인했다(이를 '조화평균'이라고 한다).

이번에는 "다른 하나는 같은 수에 의해 한 항보다 크고 다른 항보다는 작다."를 보자. 이 문장은 어떤 수가 있어 1보다 그 수

만큼 크고 2보다 그 수만큼 작은 수가 있다는 뜻이다. 우리는 $1+\frac{1}{2}=\frac{3}{2}$, $2-\frac{1}{2}=\frac{3}{2}$로부터 '같은 수에 의해 크고 작은'의 같은 수가 $\frac{1}{2}$임을 알 수 있다. 이로부터 또 하나의 중항은 $\frac{3}{2}$임을 확인했다(이를 '산술평균'이라고 한다).

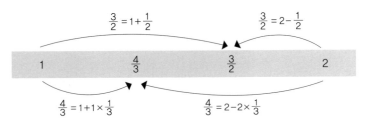

* 두 수 1과 2로부터 두 중항 $\frac{4}{3}$와 $\frac{3}{2}$ 만들기

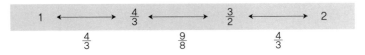

* 두 수 1과 2와 두 중항 $\frac{4}{3}$와 $\frac{3}{2}$ 사이의 간격

위에서 확인한 바와 같이 1과 2의 간격 사이에 두 중항 $\frac{4}{3}$와 $\frac{3}{2}$이 새로 생겨났는데, 두 중항의 비는 $\frac{3}{2}\div\frac{4}{3}=\frac{9}{8}$로 플라톤이 말한 세 개의 간격 $\frac{4}{3}$, $\frac{9}{8}$, $\frac{3}{2}$이 모두 생겨났다.

케플러의 제3법칙으로부터
뉴턴의 만유인력 법칙 유도하기

케플러의 제3법칙 $T^2 \propto r^3$에 상수 κ를 도입하여 $\kappa T^2 = r^3$이라고 하면 $T = \frac{2\pi r}{v}$이고 $a = \frac{v^2}{r}$이므로(여기서 T는 행성의 주기, r는 궤도 반지름, v는 행성의 속력, a는 구심가속력)

$$r^3 = \kappa \left(\frac{2\pi r}{v}\right)^2 = \frac{4\pi^2 \kappa r^2}{v^2}$$

$$r^2 = 4\pi^2 \kappa \frac{r}{v^2}$$

$$a = 4\pi^2 \kappa \frac{1}{r^2}$$

이고 뉴턴의 제2법칙 $F = ma$에 $a = 4\pi^2 \kappa \frac{1}{r^2}$을 대입하면 $F = ma = 4\pi^2 \kappa \frac{m}{r^2}$이다.

이제 무게가 m인 물체의 인력을 F_m, 무게가 M인 물체의 인력을 F_M이라고 하면 $F_m = 4\pi^2 \kappa_m \frac{m}{r^2}$, $F_M = 4\pi^2 \kappa_M \frac{M}{r^2}$이다. 두 인력은 같으므로

$$4\pi^2 \kappa_m \frac{m}{r^2} = 4\pi^2 \kappa_M \frac{M}{r^2}$$

$$4\pi^2 \kappa_m \times m = 4\pi^2 \kappa_M \times M$$

이 성립한다. 이제 $4\pi^2 \kappa_m = G \times M$ 인 상수 G를 도입하면

$$F = 4\pi^2 \kappa_m \frac{m}{r^2} = G \frac{mM}{r^2}$$

즉,

$$F = G \frac{mM}{r^2}$$

을 얻는다. 이때 G를 '만유인력 상수'라고 한다.

1. 자연의 주기를 관찰하다

1   코페르니쿠스의 『De Revolutionibus Orbium Coelestium(천구의 회전에 관하여)』은 1543년 폴란드에서 출판되었다. 영문판 번역본은 1978년 바르샤바에서 Edward Rosen이 주석을 쓰면서 번역한 것과 Rosen의 번역본 중 코페르니쿠스의 원본 부분만 다시 번역한 1999년 Octavo Edition이 있다. 두 가지 모두 인터넷에서 볼 수 있다.

http://www.kpbc.ukw.edu.pl/dlibra/plain-content?id=48792 (1978년)

http://people.reed.edu/~wieting/mathematics537/DeRevolutionibus.pdf (1999년)

2   『천구의 회전에 관하여』만이 아니라 자주 인용하는 문헌들에 대해서는 처음에만 각주로 소개하고 그다음부터의 인용은 권 번호, 장 번호를 본문에 기입했다.

3   아리스토파네스 지음, 천병희 옮김, 『아리스토파네스 희극 전집 1』, 도서출판 숲, 2010. 99쪽.

Aristophanes 지음, Stephen Halliwell 옮김, *Aristophanes*, Oxford University Press, 2017. p.45(605-615행)

4   Dante Alighieri 지음, Mandelbaum & Longfellow 번역, *Divine Comedy*, 1472.

https://digitaldante.columbia.edu/dante/divine-comedy에서 전문을 볼 수 있다.

5   Mathieu Ossendrijver, Ancient Babylonian astronomers calculated

Jupiter's position from the area under a time-velocity graph, *Science*, Volume 351, Issue 6272(Jan 2016), pp.482-484.

6   https://www.ucl.ac.uk/museums-static/digitalegypt/museum/museum2. html

7   Richard Kraut 편, *The Cambridge Companion to Plato*, Cambridge University Press, 1992, p.174 재인용.

8   플라톤 지음, 김유석 옮김, 『티마이오스』, 아카넷, 2019, pp.98-100.

9   갈릴레오 지음, 이무현 옮김, 『대화: 천동설과 지동설, 두 체계에 관하여』, 사이언스북스, 2016년, p.204.

2. 원으로 가득 찬 하늘

1   토머스 쿤 지음, 정동욱 옮김, 『코페르니쿠스 혁명』, 지식을만드는지식, 2016, p.122.

2   Ptolemy 지음, G. J. Toomer 옮김, *Almagest*, Duckworth, 1984, p.456. 이 책에서 인용한 『알마게스트』는 모두 Toomer의 1984년 영문 번역본을 이용했다.

3   https://en.wikipedia.org/wiki/Venus_tablet_of_Ammisaduqa

4   에드윈 C. 크룹 지음, 정채현 옮김, 『고대 하늘의 메아리』, 이지북, 2011, p.456.

5   Bartel L. van der Waerden, *Science Awakening II*, SpringerVerlag, 2010, p.108.

6   C. M. Linton, *From Eudoxus to Einstein: A History of Mathematical Astronomy*, Cambridge University Press, 2004, pp.55-57.

7   만프레드 클라우스 지음, 임미오 옮김, 『알렉산드리아』, 생각의나무, 2004, pp.149-151.

8   O. Pedersen, *A Survey of the Almagest, Sources and Studies in the History of Mathematics and Physical Sciences*, Springer, 2011, pp.11-25.

9   아메드 제바르 지음, 김성희 옮김, 『아랍 과학의 황금시대』, 알마출판사, 2016, p.12.

10   O. Pedersen, p.14.

3. 지워진 1,000년

1   디미트리 구타스 지음, 정영목 옮김, 『그리스 사상과 아랍 문명』, 글항아리, 2012, p.162.

2   아메드 제바르, 『아랍 과학의 황금시대』, p.16.

3   Alpay Özduralm, Mathematics and Arts: Connections between Theory and Practice in the Medieval Islamic World, *Historia Mathematica*, 27(2000), pp.171–201.

4   김정명, 「중세 이슬람 세계에서의 철학과 종교 간의 갈등」, 『대동철학회 학술대회 대회보』, 2012. 11. 03., p.34.

5   Mona Baker, *Routledge Encyclopedia of Translation Studies*, Routledge, 1998, p.320.

6   미셸 푸코 지음, 이규현 옮김, 『말과 사물』, 민음사, 2012, pp.58–71.

7   Ptolemy 지음, Frank E. Robbin 옮김, *Tetrabiblos*, Harvard University Press, 1940.
    http://bit.ly/Tetrabiblos에서 전문을 볼 수 있다.

8   De Lacy O'Leary, *How Greek Science Passed to the Arabs*, Routledge & Kegan Paul Ltd, 1979, Ch. XII.
    http://www.aina.org/books/hgsptta.htm에서 전문을 볼 수 있다.

9   O. Pedersen, p.15.

10 John Steele, *A Brief Introduction to Astronomy in the Middle East*, Saqi, 2008, p.127.

11 Ali Mohammad Bhat, Philosophical paradigm of Islamic cosmology, *Academic Journals*, Vol.7(2), 2016, pp.13–21.

12 George Saliba, The Astronomical Tradition of Maragha:A Historical Survey and Prospects for Future Research, *Arabic Sciences and Philosophy*, Vol. I(1991), pp.67–99.

13 F. Jamil Ragep, From Tūn to Turun: The Twists and Turns of the Tūsī-Couple, Max Planck Institute for the History of Science, 2014.

14 George Saliba, *Islamic Science and the Making of the European Renaissance*, The MIT Press, 2007, pp.152–154.

15 George Saliba, *Rethinking the Roots of Modern Science*, Center for Contemporary Arab Studies, 1999, pp.8–9.

16 Erwan Penchèvre, "*La Nihaya al–sul fi tashih al–usul*" *d'Ibn al–Shatir*, p.178, p. 202.
    https://arxiv.org/abs/1709.04965v1에서 전문을 볼 수 있다.

17 Victor Roberts, The Solar and Lunar Theory of Ibn ash-Shatir, *Isis*, Vol. 48, No. 4, 1957.

18 E.S. Kennedy & Victor Roberts, The Planetary Theory of Ibn al-Shatir,

Isis, Vol. 50, No. 3, 1959.

19   Victor J. Katz, *The mathematics of Egypt, Mesopotamia, China, India, and Islam: a sourcebook*, Princeton University Press, 2007, p. 4.

4. 태양을 중심에 놓다

1   Willy Hartner, Copernicus : the Man, the Work and Its History, *Proceedings of The American philosophical society*, Vol. 117, No. 6, 1973, pp. 413-422.

2   https://digi.vatlib.it/view/MSS_Vat.ar.319

3   I. N. Veselovsky, Copernicus and Nasir al -Din al -Tusi, *Journal for the History of Astronomy*, Vol. 4, 1973, pp. 129-130.

4   F. Jamil Ragep, Copernicus and His Islamic Predecessors: Some Historical Remarks, *Hist. Sci.*, x1v(2007), p. 68.

5   George Saliba, http://www.columbia.edu/~gas1/project/visions/case1/sci.3.html

6   George Saliba, http://www.columbia.edu/~gas1/project/visions/case1/sci.4.html

7   Kevin Krisciunas & Belén Bistué, Where Did Copernicus Obtain the Tools to Build His Heliocentric Model? Historical Considerations and a Guiding Translation of Valentin Rose's "Ptolemaeus und die Schule von Toledo, Cornell Uuniversity"(1874), 2017, p. 15.
     https://arxiv.org/abs/1712.05437

8   https://galileo.ou.edu/exhibits/almagest-ed-regiomontanus에서 전문을 볼 수 있다.

9   제자인 노바라에게 보내는 편지라고 추정한다(Varadaraja Raman, *Variety in Religion and Science: Daily Reflections*, iUniverse, 2005, p. 470).

10   E. Zinner, E. Brown, *Regiomontanus: His Life and Work*, North Holland, 1990, pp. 118-121.

11   Arther Koestler, *The sleepwalkers*, Penguin Books, 1989, p. 212.

12   Michael J. B. Allen & Valery Rees & Martin Davies, *Marsilio Ficino: His Theology, His Philosophy, His Legacy*, Brill Academic Pub, 2001, p. 400.

13   F. Jamil Ragep, pp. 72-75.

14   F. Jamil Ragep, Ali Qushji and Regiomontanus: eccentric transformations and Copernican Revolutions, *Journal for the History of Astronomy*, Vol. 36,

Part 4, No.125(2005), p.362.

15　James Evans, *The History and Practice of Ancient Astronomy*, Oxford University Press, 1998, pp.35-36.

16　Archimedes, *The Sand Reckoner*.
　http://www.math.uwaterloo.ca/navigation/ideas/reckoner.shtml에서 전문을 볼 수 있다.

17　https://en.wikipedia.org/wiki/Heliocentrism

18　Al-Biruni 지음, Edward C. Sachau 옮김. *Alberuni's India: An Account of the Religion, Philosophy, and Literature, Geography, Chronology, Astronomy, Customs, Laws and Astrology of India about A.D. 1030*, Cambridge University Press, Vol 1, 1910, p.276.

19　Al-Biruni, p.277.

20　R. C. Kapoor, Did Ibn Sina observe the transit of Venus 1032 AD?, *Indian Journal of History of Science*, 48.3(2013), p.433.

21　https://eclipse.gsfc.nasa.gov/transit/catalog/VenusCatalog.html

22　Galileo Galilei, Christoph Scheiner 지음, Eileen Reeves, Albert Van Heden 옮김, *On Sunspots*, University of Chicago Press, 2010, pp.16-17.

23　에드워드 그랜트 지음, 홍성욱·김영식 옮김, 『중세의 과학』, 지식을만드는지식, 2014, pp.22-24.

24　토머스 쿤, 『코페르니쿠스 혁명』, pp.330-332, 412.

5. 태양에서 나오는 신비

1　키티 퍼거슨 지음, 이충 옮김, 『티코와 케플러』, 도서출판 오상, 2004, p.224.

2　https://en.wikipedia.org/wiki/Mysterium_Cosmographicum 여러 번 접은 큰 도판이 책 중간마다 삽입되어 있다. 정다면체 우주론 그림도 접어서 삽입되어 있다 (2장 도판 3).
　라틴어판을 http://www.e-rara.ch/doi/10.3931/e-rara-445에서 내려받을 수 있다.

3　W. 하이젠베르크 지음, 이필렬 옮김, 『현대 물리학의 자연상』, 이론과실천, 1991, p.64. 재인용.

4　W. 하이젠베르크, p.77. 재인용.

5　Johannes Kepler 지음, Marie Čamachová 옮김, *On Firmer Fundaments of Astrology*, 1601.

http://www.johannes.cz/kepler.php

6   야마모토 요시타카 지음, 이영기 옮김, 『과학의 탄생』, 동아시아, 2005, p.644.
재인용.

7   야마모토 요시타카, p.342. 재인용.

8   야마모토 요시타카, p.648. 재인용.

9   Alexandre Koyré, *The Astronomical Revolution: Copernicus, Kepler,
Borelli*, Dover Publications, 1992, pp.362-363.

10   Eric J. Aiton, How Kepler discovered the elliptical orbit, *The
Mathematical Gazette*, Vol.59, No.410 (1975.12.), pp.250-260.

11   Peter Barker & Bernard R. Goldstein, Distance and velocity in Kepler's
astronomy, *Annals of Science*, 51, 1994, pp.59-73.

12   Don Hainesworth, *Understanding the Properties and Behavior of the
Cosmos: A Historical Perspective*, Palibrio, 2011, p.44.

13   존 헨리 지음, 노태복 옮김, 『서양 과학 사상사』, 책과함께, 2013, p.186.

14   https://en.wikipedia.org/wiki/Harmonices_Mundi 에 라틴어판과 영문판의
pdf 파일이 링크 걸려 있다.

15   플라톤, 『티마이오스』, p.54.

6. 공감과 반감을 딛고

1   야마모토 요시타카, p.467.

2   야마모토 요시타카, p.479. 재인용.

3   브루스 T. 모런 지음, 최애리 옮김, 『지식의 증류: 연금술, 화학, 그리고 과학 혁
명』, 출판사 지호, 2006, pp.116-119.

4   미셸 푸코, 『말과 사물』, p.45.

5   야마모토 요시타카, p.329.

6   야마모토 요시타카, p.327. 재인용

7   야마모토 요시타카, p.335. 재인용.

8   야마모토 요시타카, p.340. 재인용.

9   야마모토 요시타카, p.341. 재인용.

10   원제목인 『시데레우스 눈치우스』로 번역되어 있다.

11   야마모토 요시타카, p.530, p.542.

12   김성환, 「근대 자연철학의 모험 I: 데카르트와 홉스의 운동학적 기계론」, 시대와
철학 제14권 2호(2003, 가을) p.315.

13　Galileo 자음, Stillman Drake 번역, *Discoveries and Opinions of Galileo*, New York: Doubleday & Co., 1957, p.241.

14　갈릴레오, 『대화』, p.681.

15　데카르트 지음, 이현복 옮김, 『방법 서설, 정신 지도를 위한 규칙들』, 문예출판사, 2014, pp.66-67.

16　미셀 푸코, 『말과 사물』, p.87.

17　René Descartes, *Principia Philosophia*, p.271(라틴어판). https://en.wikipedia.org/wiki/Principles_of_Philosophy의 External links에 서 볼 수 있다.
　　https://books.google.co.kr/books?id=lHpbAAAAQAAJ&redir_esc=y 에서 라틴어 전문을 볼 수 있다.

18　존 헨리, 『서양 과학 사상사』, p.239.

19　Richard S. Westfall, *Never at Rest : A Biography of Isaac Newton*, p.143. (『아이작 뉴턴』(전4권, 김한영·김희봉 옮김, 알마)으로 2016년 번역 출판됨) add MS(additional manuscripts) 3968.41, f.85.는 케임브리지 대학교 디지털 도서관 https://cudl.lib.cam.ac.uk/collections/newton에서 원본을 볼 수 있다.

20　Johannes Kepler 지음, Edward Rosen 주석 및 옮김, *The Dream*, Dover Publications, NewYork, 1967, pp.218-221.

21　Bernard Cohen, *The Cambridge Companion to Newton*, Cambridge University Press, 2002, p.204.

22　야마모토 요시타카. p.793. 재인용.

23　『프린키피아』의 글은 한글판은 『프린시피아』(조경철 옮김, 서해문집, 1999), 영문판 은 초판 영문 번역본(Andrew Motte, 1729)을 이용했다. 영문판과 라틴어판은 https://en.wikipedia.org/wiki/Philosophi%C3%A6_Naturalis_Principia_ Mathematica의 External links에서 볼 수 있다.

24　Joseph C. Amato, Enrique J. Galvez, *Physics from Planet Earth — An Introduction to Mechanics*, CRC Press, 2015, pp.281-283.

25　Christoph Schmid, Newton's superb theorem: An elementary geometric proof, *American Joural of Physics*, 79(5), May 2011, pp.536-539.

26　Cambridge University, Cambridge Digital Library의 라틴어판은 http://cudl.lib.cam.ac.uk/view/PR-ADV-B-00039-00001에서 볼 수 있다.

27　Richard C. Brown, *The Tangled Origins of the Leibnizian Calculus*, World Scientific Publishing Company, 2012, p.143.

☀ 이 책에 나오는
인명(영어 표기)

알 비트루지 al Bitruji
알 샤티르 al Shatir
알 시라지 al Shirazi
알 시즈지 al Sijzi
알 우르디 al Urdi
알 주즈자니 al Juzjani
알 콰리즈미 al Khwarizmi
알 킨디 al Kindi
알 투시 Nasir al Din Tusi
알 파라비 al Farabi
알 파자리 al Fazari
알 하이삼(알 하젠) Ibn al Haytham
에우데무스 Eudemus of Rhodes
에우독소스 Eudoxus of Cnidus
에크판토스 Ecphantus
엠페도클레스 Empedocles
오센드리버 Mathieu Ossendrijver
울루그 베그 Ulugh Beg
유클리드 Euclid
율리우스 카이사르 Julius Caesar
이그나티우스 니마탈라 Ignatius
  Ni'matallah (or Nehemias)
이븐 루시드 Ibn Rushd
이븐 바자 Ibn Bājja
이븐 시나 Ibn Sinā (or Avicenna)
이븐 투파일 Ibn Tufayl
이스마엘 불리오 Ismaël Bulliau
이스하크 이븐 후나인 Isḥāq ibn
  Ḥunayn
이암블리코스 Iamblichus
자비르 이븐 아플라 Jabir ibn Aflah
잠바티스타 라이몬디 Giambattista
  Raimondi
장 뷔리당 Jean Buridan
카라 드 보 Carra de Vaux

카르다노 Girolamo Cardano
카펠라 Martianus Capella
칼키디우스 Chalcidius
케플러 Johannes Kepler
코페르니쿠스 Nicolaus Copernicus
키케로 Marcus Tullius Cicero
타비트 이븐 쿠라 Thābit ibn Qurra
탈레스 Thales of Miletus
테온 Theon of Alexandria
튀코 브라헤 Tycho Brahe
파라켈수스 Paracelsus
파브리시우스 David Fabricius
파푸스 Pappus of Alexandria
포르피리오스 Porphyry of Tyre
포이에르바흐 Ludwig Andreas von
  Feuerbach
프로클로스 Proclus
프톨레마이오스 Ptolemy
플라톤 Plato
플로티노스 Plotinus
피치노 Marsilio Ficino
피코 델라 미란돌라 Giovanni Pico
  della Mirandola
피타고라스 Pythagoras of Samos
필롤라오스 Philolaus
하드리아누스 Hadrianus
하위헌스 Christiaan Huygens
핼리 Edmond Halley
헤라클리데스 Heraclides of Pontus
후나인 이븐 이스하크 Hunayn ibn
  Ishaq
훅 Robert Hook
히케타스 Hicetas
히파르코스 Hipparchus of Nicaea
히파티아 Hypatia

☀ 찾아보기

남호영

수학적 관점에서 여행과 문화를 녹여낸 『수학 끼고 가는 서울1』과 『수학 끼고 가는 이탈리아』, 어린이들을 위한 수학 동화 『원의 비밀을 찾아라』, 『달려라 사각 바퀴야』를 썼다. 그리고 『선생님도 놀란 초등수학 뒤집기 시리즈』 중 다수를 집필하였다. 공동 집필한 책으로는, 수학 공부를 하는 방법에 대한 『수학은 열세 살이다』, 원주율의 역사에 대한 『파이-4천 년 역사의 흔적』, 대수와 기하의 여러 주제들을 깊이 있게 다룬 『영재 교육을 위한 창의력 수학 I, II』 등이 있으며, 7차 중학 수학 교과서(대한교과서, 공저)도 썼다. 번역한 책으로는 『문제 해결로 살펴본 수학사』, 『수학 어디까지 알고 있니?』가 있다.

서울대학교 수학교육과를 졸업하고 수학 교사로 학생들과 만나는 한편 공부를 계속하여 이학 박사 학위를 받았다. 인간의 역사와 얽히고설키며 발전해온 수학을 그 역사 속에서 생생하게 볼 수 있도록 하는 작업을 해나가고 있다.

- (전) 인헌고 교사
- 전국수학교사모임 편집국장, 학술국장 역임
- 인하대, 숭실대 겸임교수 역임

이 도서는 한국출판문화산업진흥원의
'2020년 출판콘텐츠 창작 지원 사업'의 일환으로
국민체육진흥기금을 지원받아 제작되었습니다.

코페르니쿠스의 거인, 뉴턴의 거인

1판 1쇄 발행 2020년 11월 12일

지은이 남호영 **발행인** 도영 **편집 및 교정 교열** 하서린 · 김미숙
디자인 씨오디 **표지 인물 그림** 최윤민 **발행처** 솔빛길 **등록** 2012-000052
주소 서울시 마포구 동교로 142, 5층 (서교동) **전화** 02) 909-5517
Fax 0505) 300-9348 **이메일** anemone70@hanmail.net

© 남호영

ISBN 978-89-98120-69-6 03440